城市·建筑·文化

城 市 意 象

The Image of the City

[美] 凯文·林奇 Kevin Lynch 著　方益萍 何晓军 译

最新校订版

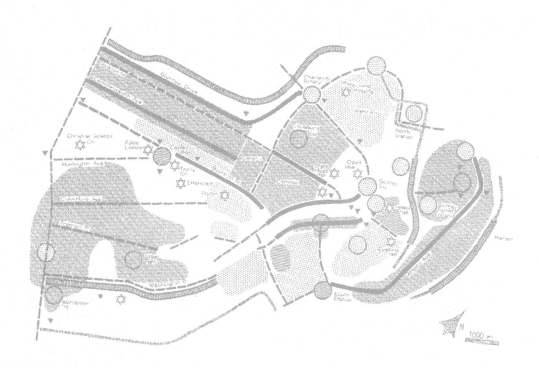

华夏出版社
HUAXIA PUBLISHING HOUSE

前　言

　　本书讲述的内容有关城市的面貌，以及它的重要性和可变性。城市的景观，在城市的众多角色中，同样是人们可见、可忆、可喜的源泉。赋予城市视觉形态是一种特殊而且相当新的设计问题。

　　在检查这个新问题的过程中，本书着眼于三个美国城市：波士顿、泽西城和洛杉矶，提出了一种我们由此可以开始在城市尺度处理视觉形态的方法，以及一些城市设计中的首要原则。

　　这项研究背后的工作，由 Gyorgy Kepes 教授和我本人进行指导，在麻省理工学院的城市和区域研究中心完成。几年来，这项工作一直得到洛克菲勒基金会的慷慨资助。本书还是麻省理工学院和哈佛大学的联合城市研究中心出版的系列丛书中的一本，这个中心是由这两所学院组成的一个城市研究活动机构。

　　任何智力工作，其内容的来源都多种多样，很难描绘。有几位同行的相关研究对本书的形成有直接的关系。他们是，戴维·克兰，伯纳德·弗雷顿，威廉·阿伦索，弗兰克·霍奇基斯，理查德·多博,玛丽·艾伦·彼得斯(现在是阿伦索夫人)。对他们所有人,我都万分感激。

还有一个名字应该和我的名字一起放在标题页上,只是他不必为本书的不足之处负责,他就是 Gyorgy Kepes。本书细节的发展和具体的研究是由我完成的,但作为基础的概念是与 Kepes 教授交换多次后产生的。如果没有他,就不可能有我的观点。对我来说,这些年来我们一直保持着良好的关系。

凯文·林奇

麻省理工学院

1959 年 **12** 月

目录

第1章
环境的意象

一座城市，无论景象多么普通都可以给人带来欢乐。城市如同建筑，是一种空间的结构，只是尺度更巨大，需要用更长的时间过程去感知。城市设计可以说是一种时间的艺术，然而它与别的时间艺术，比如已掌握的音乐规律完全不同。很显然，不同的条件下，对于不同的人群，城市设计的规律有可能被倒置、打断、甚至是彻底废弃。

一个场景所包含的内容，无论如何总会比人们可见可闻的更多，但是任何东西都不可能体验自己，研究它们通常需要联系周围的环境、事情发生的先后次序以及先前的经验。位于农庄田野里的华盛顿大街的布景虽然可能看起来很像是在波士顿市中心，但它们将截然不同。每一个人都会与自己生活的城市的某一部分联系密切，对城市的印象必然沉浸在记忆中，意味深长。

城市中移动的元素，尤其是人类及其活动，与静止的物质元素是同等重要的。在场景中我们不仅仅是简单的观察者，与其他的参与者一起，我们也成为场景的组成部分。通常我们对城市的理解并不是固定不变的，而是与其它一些相关事物混杂在一起形成的，部分的、片断的印象。在城市中每一个感官都会产生反应，综合之后就成为印象。

城市不但是成千上万不同阶层、不同性格的人们在共同感知(或是享受)的事物，而且也是众多建造者由于各种原因不断建设改造的产物。尽管在一段时间内城市的大致轮廓可能静止不变，但细节上的变化从不间断。城市发展始终是由一系列连续的片断组成，局部控制只能作用于它的发展和形态，并没有最终的结果。毫无疑问，勾勒城市使之能够给人们带来引起美感的享受,是一门完全不同于建筑,或是音乐、文学的艺术,它可能会从这些艺术中吸取灵感,但绝对不能去模仿它们。

美丽愉悦的城市环境非常稀少,有人甚至认为它不可能存在。没有一个比村庄大的美国城市拥有完整的精致景观,几个小镇也只是有一些漂亮的街区。可惜大多数的美国人并没有意识到这种城市环境的重要意义。他们只是知道所处环境的丑陋,不断地抱怨城市的肮脏、烟尘、高温、拥挤、混乱和单调,但是并不清楚和谐城市环境的价值所在。这种环境可能只是在旅游度假中匆匆掠过,人们并没有去想过如果这一切能成为日常生活的一种愉悦,和居住的永久港湾,或是成为丰富多彩世界的一个组成部分,生活将会变成什么样?

可读性

本书将通过研究城市市民心目中的城市意象,分析美国城市的视觉品质,主要着眼于城市景观表面的清晰或是"可读性",亦即容易认知城市各部分并形成一个凝聚形态的特性,好比这本书,它的可读是因为它由可认知的符号组成,是可以通过视觉领悟的相关连的形态。一个可读的城市,它的街区、标志物或是道路,应该容易认明,进而组成一个完整的形态。

本书首先认定"可读性"在城市布局中关系重大,进而通过具体分析,试图说明这一概念在当今城市重建中的作用。读者很快就会发现,这项研究作为一种初步的探索,提出了全新的概念,还将研究如何获取灵感,并给出发展和验证的策略。文中的语调多是推测性的,有时甚至可能有点不负责任,既是实验性质的,又很独断。本书第一章主要引出一些基本概念,随后的章节将利用这些概念分析美国的几个城市,讨论城市设计的重要性。

尽管清晰或是可读性不是一个美丽城市的惟一重要特征,但在涉及城市尺度的环境规模、时间和复杂性时,它具有特殊的重要性。为此,我们不能将城市仅仅看成是自身存在的事物,而应该将其理解为由它的市民感受到的城市。

组织并辨认环境是所有运动生命的重要本领,它们借助了各种各样的线索,诸如对色彩、形状、动态或是光线变化的视觉感受,听觉、嗅觉、触觉、动觉,以及对重力场或是电场、磁场的感觉。从燕鸥的极地迁徙到瑂贝

在一块岩石的微观地形上探路，大量文献都重点描述了动物的这种辨向的技能[10,20,31,59]。在特定的实验条件下，心理学家也对人类的辨向本领做了大致的研究。尽管目前仍然还有一些谜团尚未解开，但一致认为这其中不太可能存在什么神秘的"本能"，而是由外部环境不断造成的感官刺激综合形成的。这种本领也是自由运动的生命能够生存的最根本有效的条件。

在现代城市中很少会有人完全迷路，因为我们有许多可以借助的工具，比如地图、街道编号、路标、公共汽车站牌等等。但是一旦迷失方向，随之而来的焦虑和恐惧说明它与我们的健康的联系是多么紧密！"迷失"在我们的词汇里不单单意味着简单的地理方位不确定，也暗示着更大的灾难。

在探路的过程中，起决定作用的是环境意象。这种意象是个体头脑对外部环境归纳出的图像，是直接感觉与过去经验记忆的共同产物，可以用来掌握信息进而指导行为。自古以来，感知并构造我们的周围环境十分必要，这种意象对于个体来说，无论在实践上还是情感上都非常重要。

显然，一个清晰的意象可以使人方便迅速地迁移，比如很快找到朋友的家、警察局或是一家纽扣商店。但事实上一个有秩序的环境能够带来的益处更多，它提供了更宽广的参照系，是行为、信仰和知识的组织者。比方说，如果了解曼哈顿的组织结构，你一定能够从中获取大量的信息和惊喜。如同任何好的结构，有秩序的环境给人们提供了选择的可能性，是获取更多信息的起点。总之，对环境的清晰意象是个体成长的一个必要基础。

一个整体生动的物质环境能够形成清晰的意象，同时充当一类社会角色，组成群体交往活动记忆的符号和基本材料。许多原始部落有代表性的神话故事的场景都十分惊人，战争中孤独的士兵相互交流时，最初也最容易谈到的就是对"家乡"的回忆。

一处好的环境意象能够使拥有者在感情上产生十分重要的安全感，能由此在自己与外部世界之间建立协调的关系，它是一种与迷失方向之后的恐惧相反的感觉。这意味着，最甜美的感觉是家，不仅熟悉，而且与众不同。

事实上，一处独特、可读的环境不但能带来安全感，而且也扩展了人类经验的潜在深度和强度。尽管在一个形象混乱的现代城市是可能的，但如果是在一个生动的环境中，同样的日常活动必定会有崭新的意义。从本

3

质上来说，城市自身是复杂社会的强有力的象征，如果布置得当，它一定会更富表现力。

也许有人会对物质环境可读性的重要意义提出异议，既然人脑的适应性惊人，那么如果有一些经验，他一定能从最曲折、无特征的环境中找到出路。有大量的例证也说明即使是在荒凉无迹可寻的大海、沙漠、冰川中，或是在树枝交缠迷宫般的丛林里，人们都有可能清楚地辨向。

因为即使是大海也还有日月星光、海风、潮流、海鸟、海水颜色可以参照，如果没有这些，凭空导航是完全不可能的。只有经过大量训练的熟练专业水手才能在波利尼西亚群岛间航行，但有时即使准备最充分的探险家也会感到紧张焦虑，这都反映了在特定环境中产生的辨向困难。

有关泽西城的讨论详见第2章

可以说，每个人只要稍加小心，再花一些力气，经历一些波折，都能够学会在泽西城辨清方位。只是可读环境的积极意义，比如情感上的满足、交往或概念组织的框架、每天的新体验，这些都遗失了。尽管目前的城市还没有充满紧张感觉，混乱到让熟悉它的人无法容忍的地步，我们毕竟已经因此失去了一些快乐。

必须承认，环境中的神秘、离奇和惊喜有其一定的价值，我们中许多人喜欢波士顿的汉考可大厦，它周围那些曲曲弯弯的街道也有特别的魅力。不过这种情况必须有两个前提，首先必须没有迷失、转向或是走不出来的危险，惊喜必须基于一个整体的框架，迷惑的只能是可见整体的一小部分；其次复杂神秘的部分应该具有可以探索或是花时间可以去理解的

这些观点将在附录 A 中进一步论述

形式，没有任何相关联系的完全混乱是绝对不可能令人愉快的。后者必须满足一个重要的限定条件，即观察者在感知世界过程中应该充当能动的角色，在形成意象的过程中有创造性的成分，应该能够有能力依需要去改换意象。秩序明确，细枝末节都很详尽的环境可能会阻碍新活动形式的开展，一处每块石头背后都有一个故事的景观很难再去创造新的故事。尽管在目前这种城市的混乱中，这似乎还不是一个关键的问题，但它已充分说明我们追寻的并不是最终结果，而是一个开放的，能够不断发展的秩序。

营造意象

环境意象是观察者与所处环境双向作用的结果。环境存在着差异和联系，观察者借助强大的适应能力，按照自己的意愿对所见事物进行选择、组织并赋予意义。尽管意象本身是在与筛选过的感性材料的互相作用

过程中不断得到验证,但如此产生的意象仍局限并着重于所见的事物,因此对一个特定现实的意象在不同的观察者眼中会迥然不同。

意象的聚合可以有几种方式。真实的物体很少是有序或是显而易见的,但经过长期的接触熟悉之后,心中就会形成有个性和组织的印象,找寻某个物体可能对某个人十分简单,而对其他人如同大海捞针。另一方面,那些第一眼便能确认并形成联系的物体,并不是因为对它的熟悉,而是因为它符合观察者头脑中早已形成的模式。美国人通常都能认出街角的百货店,而对于澳大利亚的丛林居民可能很难辨别。另外,新鲜事物的结构和个性通常十分鲜明,因为它们具有体现和影响自身形式的惊人物质特征。因此,对于一个从内陆平原走来的人,即使他非常幼小或是闭塞到不知道所见景观的名字,大海和高山也一定会吸引他的注意力。

作为物质环境的操纵者,城市规划师首先感兴趣的是形成环境意象的外部动因,不同的环境能够阻碍或是促进这种形成过程。任何一种特定形式,一只精美的花瓶或是一块粘土,引起不同的观察者产生强烈意象的可能性也或高或低。如果以观察者的年龄、性别、文化程度、职业、性情或熟悉程度进行分类,那么分组越细致,意象相似的可能性越大。每个人创造并形成自己的意象,但在同一组的人群中,成员之间的意象似乎能基本保持一致。城市规划师渴望创造一个供众多人使用的环境,因此他感兴趣的是绝大多数人达成共识的群体意象。

所以我们这项研究将忽略心理学家可能感兴趣的个体差异,在此首要阐明的就是"公众意象"的定义,它应该是大多数城市居民心中拥有的共同印象,即在单个物质实体、一个共同的文化背景以及一种基本生理特征三者的相互作用过程中,希望可能达成一致的领域。

世界上不同文明、不同景观所使用的定位系统之间的差别很大,附录A 中列举了许多实例,比如抽象的和固定的系统,移动的系统,还有一些指向人、房屋或是大海的系统。环境可以围绕一系列的焦点组织起来,按一些被命名的区域分开,或是由记忆中的道路连接起来。因为方法多种多样,人们用来辨别自己世界的潜在线索似乎也无穷无尽,这些都为我们今天如何在城市中定位提供了有趣的启示。这些实例中绝大部分都惊人地重复着城市意象元素的形态类型,我们可以方便地将其分为道路、标志物、边界、节点和区域。这些元素将在第三章进行定义和讨论。

结构与个性

　　环境意象经分析归纳,由三部分组成:个性、结构和意蕴,尽管在现实中他们通常同时出现,这里还是很有必要对其进行抽象分析。一个可加工的意象首先必备的是事物的个性,即其与周围事物的可区别性,和它作为独立个体的可识别性,这种个性具有独立存在的、惟一的意义。其次,这个意象必须包括物体与观察者以及物体与物体之间的空间或形态上的关联。最后,这个物体必须为观察者提供实用的或是情感上的意蕴,这种意蕴也是一种关系,但完全不同于空间或形态的关系。

　　一个可以用作出口的意象因此需要识别三点内容,作为独立个体的门、与观察者的空间联系、以及作为一个出入洞口的意义。这几点并不能完全分开,一个门的视觉可识别性与其作为门的意蕴总是交织在一起,但我们仍有可能假设它优先于门的意蕴,可以依照门的形式的特性或是位置的特点来进行分析。

　　这种分析的方法用来研究门可能毫无意义,但是对于一个城市环境则不然。在城市中,首先意蕴的问题十分复杂,比之对实体和关系的认知,有意蕴的群体意象在这一层次上不太联贯。此外,与另两者相比,意蕴不易受到物质操作的影响。如果我们的目的是建造城市,供众多背景千差万别的人们享用,而且要适应将来的发展需求,那么明智的做法就是着重于意象的物质清晰性,允许意蕴能够自由发展。曼哈顿岛天际线的意象可能代表生机、权力、颓废、神秘、混乱、伟大,或是其它什么,但在任何情况下这些轮廓分明的图像都体现并加强了这种意蕴。即使城市的形态能够容易地互相仿照,但其各自的意蕴也完全不同。含意与形态相脱离,至少在分析的最初阶段这是完全有可能的。我们的研究因此将主要集中于城市意象的个性与结构。

　　假如一个意象要在生活空间内充当导向作用,它必须具备几个特点,首先在实用性上,它应该充分而且真实,个体能够在一定范围的环境内工作。地图无论抽象与否,至少要能让人找到回家的路,它必须充分清晰、完整、易于查阅,即必须是可读的。其次,它应该具有安全性,拥有附加线索,让人们有可能采取别的措施,减少失败的几率。如果一盏闪烁的灯是一个急转弯的惟一标志,一次停电就有可能导致灾难的发生。开放的、适于变化的意象将更受欢迎,它使得个体可以不断调查和组织现实,有空间允许个体描绘自己的图像。最后，它应该还有一部分意象可以传授给别的个体。衡量一个"好"的意象，这些标准的重要性对于不同人、在不同条件下也不一样，有人赞美经济、有效的体系，而有人又喜欢开放、可借鉴的体系。

可意象性

由于研究重点是作为独立变量的物质环境，我们将探索与人们心中意象的个性和结构特点有关的物质特性。由此产生了"可意象性"的定义，即有形物体中蕴含的，对于任何观察者都很有可能唤起强烈意象的特性。形状、颜色或是布局都有助于创造个性生动、结构鲜明、高度实用的环境意象，这也可以称作"可读性"，或是更高意义上的"可见性"，物体不只是被看见，而且是清晰、强烈地被感知。

半个世纪以前，斯特恩曾讨论过艺术作品的这一特性，称其为"外显性"[74]。他认为艺术并不仅仅局限于此单一目的，艺术最基本的两个功能之一是"通过清晰、协调的形式，满足生动、可懂的外形需要来创造意象"。在他看来，这是迈向内在意蕴表达的重要的第一步。

在这一特殊意义上，一个高度可意象的城市（外显的、可读或是可见的）应该看起来适宜、独特而不寻常，应该能够吸引视觉和听觉的注意和参与。环境这种给人以美感的特点，不但应该简化，而且要持续深入。这种城市具有高度连续的形态，由许多各具特色的部分互相清晰连接，能够逐渐被了解。敏锐或熟悉的观察者可以排除最初意象的干扰，而获取新的引起美感的印象，每个新的部分都与许多先前的要素有关，观察者能够清楚了解周围的环境，辨明方向，毫不费力地迁移。威尼斯可以说是这样一个拥有高度可意象环境的城市，在美国，可以作为例证的有曼哈顿、旧金山、波士顿的一部分，还有芝加哥的湖前区。

这些特性都是由我们的定义引出的，可意象性的概念并不意味着固定、有限、具体、整体或是有秩序，尽管它有可能有时具有这些特性；它也并不意味着清晰、显见、新奇或是平淡。整个环境的构成十分复杂，表面的意象很容易令人厌烦，而且只能够指向生活环境的少数几个特征。

城市形态的可意象性是我们下面研究的核心，一个美丽的环境除此之外应该还有一些基本的特征，诸如意蕴或是表现力、愉悦感情、韵律、兴奋点、可选择性等等，我们虽然集中研究可意象性，但并不否认这些特征的重要性。我们的目的仅仅是研究可感知世界的个性和结构需求，举例说明它与复杂可变的城市环境的特殊关系。

由于意象的产生是观察者与被观察物体之间一个双向的过程，通过象征性的图案、重新训练观察者或是改造周围环境都有可能加强意象。你可以提供给观察者一个环境如何组成的符号图解，比如一张地图或是一些书面的指示，一旦观察者能够把图解与现实对照起来，就说明他对事物的相关性有了了解。现实中你甚至可能像纽约最近一样，为了指向安装一个机器[49]，这些装置提供了互相联系的简洁数据查询，非常实用。但它们也有不可靠之处，一旦装置坏了就无法找到方向，而且它需要不断地补充、更新以跟上现实的不断变化。附录 A 中大脑损伤的案例就说明如果完全依赖某一种方法，将会感到焦虑和辛苦。此外这样还丧失了互相联系的完整体验和完整的生动意象。

还有一种方法就是培训观察者。布朗指出，一个要求主体盲目移动的曲径最初看起来好像是一个连续的问题，但是主体会渐渐地熟悉其中部分形态，尤其是开头和结尾部分，并认定它是这个地方的特征。最终他们能够准确无误地走过来，这条曲径在他们眼中就成了一个地方。[8]德席瓦尔描述了一个似乎有"自觉"导向能力的男孩，事实上他从幼年起就受训练，辨别"门廊的东边"或是"梳妆台的南端"，因为他的妈妈无法分辨左右。[71]

希普顿关于攀登珠穆朗玛峰的勘测报道是这项研究中最富戏剧性的一个案例。当从一个新的方向接近珠峰时，希普顿很快就认出了他从北侧已经认识的峰顶和山脊，但是陪同他的夏尔巴向导虽然对山的两侧早已熟悉，却从没有意识到它们是同一个事物，知道后他也感到非常惊讶和兴奋。[70]

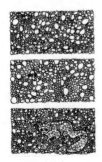

基尔帕特里克描述了将与先前意象不同的新刺激强加于观察者后的感知获取过程，[41]先是形成一种能够概念地解释新刺激物的假想形态，先前形态的错觉也同时存在。我们大多数人的经验也证明，这种错觉即使在被证明不可能以后很久，也会存在很长时间。我们凝视丛林，只能看见阳光照在绿叶上，但一个警觉的响动告诉我们树后藏着一只动物，观察者会作出"离开"的反应，然后重新琢磨这个响动，这类伪装的动物可以通过它眼睛的反光辨认出来。经过反复的体验，感知的整个形态发生变化，观察者不必再自觉地选择离开，或是在已有的感知框架中增添新的内容，他已经获得了在新的环境中能够自如运用的意象，看起来自然而且正确，他因此能够迅速地从树叶的背景中发现隐藏的动物。

同理，我们也应该学会在城市的大规模蔓延中看出其中隐藏的形态。目前我们并不习惯于对如此大尺度的人工环境进行组织并形成意象，但日常的活动要求我们做到这一点。柯特·萨夏列举了一个在特定条件下无法产生关联的案例。[64]北美印地安人的歌声和鼓点的节奏完全不同，需要分别来理解。类似地他也提到，在我们自己的音乐中，比如教堂里唱诗班的歌声，没有人会认为它需要配合教堂屋顶的钟声。

在广大的都市地区，唱诗班和钟声没有被联系在一起，如同夏尔巴人，他们看到的只是珠峰的侧面而不是整个山峰。扩展和加深我们对环境的感知能力将需要长期持续的生物学的发展和文明的进步，这个过程已经从触觉发展到遥感，又从遥感发展到符号传输，现在我们有能力既借助外在物质形态的运用，又通过内在的认识过程来形成发展我们的环境意象，事实上目前环境的复杂性也在迫使我们这样做。第四章中将讨论这一内容。

对既定的景观，原始人是在感知逐渐适应之后，被迫去改善所处的环境意象，他们可能堆一些石头作界标，点燃烽火，或是在树皮上刻标志，从而对环境产生细微的改变，但是从视觉上的清晰和互相联系方面来讲，实质性的改造仍局限于房屋的选址和教区的划分。只有强大的文明社会才有可能从大尺度上操作整体环境，有意识地进行大规模物质环境的改造也只是在最近才成为可能，因此环境的可意象性属于一个新的课题。从技术上，我们现在已经可以在短时间内创造全新的地形景观，比如荷兰的围海造田，现在的设计师已经掌握如何去创造一个完整的景观，使观察者能够容易识别局部进而获得整体结构。[30]

我们正在飞速地建造一种新的功能组织——大都市区，但我们同时还要明白，这种新的组织也需要与其相应的意象。苏赞·兰格在她对建筑的简略定义中表明了这个问题，她认为建筑是"一切被创造的可见的环境"。[42]

第**2**章
三　个　城　市

　　为了了解环境意象在我们的城市生活中的作用，我们必须去一些城市或地区进行观察，与居民交谈，发展和验证我们提出的可意象性观点，将之与视觉现实的意象相比较，从而发现什么样的形态能够产生强烈的意象，进而提出城市设计的一些原则。这项工作首先确定现状分析和现状对市民的影响是城市设计的基石，也希望在工作的同时能提高并发展实地考察和居民访谈的一些技巧。先前一些小型研究的目的一直是提出观点和方法，而都没有用最终确定的方法进行验证。

　　在此我们对三个美国城市的中心区进行分析，它们是马萨诸塞州的波士顿、新泽西州的泽西城和加利福尼亚州的洛杉矶。波士顿是美国城市中特色最鲜明的城市，形态生动，但有许多选址上的难处；泽西城初次看起来杂乱无章，几乎没有可意象的规律；洛杉矶是一个新城，有着全然不同的尺度，中心区是方格网布局。在每一实例中我们都选择了大约1.5×2.5英里的区域进行研究。

　　在这三个城市中进行的两个基本分析是：

详见附录 B

　　1. 让一位受训的观察者对地区进行系统的徒步实地考察，在地图上绘出存在的各种元素以及它们的可见性、意象的强弱、相互的联系和中断等其它的因素，并且标明对形成潜在的意象结构特别成功或十分不利的地方。以上这些都是基于即时出现元素进行的主观判断。

　　2. 选取一小组的城市居民进行较长时间的访问，获取他们对物质环境的自身意象。调查内容包括要求被访者描述、定位、勾草图，以及对虚构旅程的演习，被访者要求在这个地区内长久居住或工作，居住和工作的地点散布在被研究区域的不同地方。

在波士顿总共有约 30 人接受调查,在泽西城和洛杉矶分别访问了 15 人。波士顿的基本分析还补充了照片识别的测试、实地的行程、对路上行人的大量问路调查,细致的实地考查还包括了波士顿景观的几个特殊元素。

所有这些方法在附录 B 中都有描述和评价。由于取样的数量少且偏重于专业和管理层人士,无法确定我们获得的就是真正的"公众意象"。但是大量有充分一致内在联系的资料表明,事实上的群体意象确实存在,而且通过这些方法至少能够发现其中的一部分。独立的实地分析相当精确地预测了访谈得出的群体意象,这也说明了物质形态自身具有的作用。

毫无疑问,行走路线或是工作地点的集中,会使得许多个体观察到相同的元素,从而产生一致的群体意象。身份、经历或是其它非视觉背景的联系,能够更进一步地加强这种相似性。

然而环境自身的形态在形成意象的过程中无疑起着重大的作用,似乎熟悉就意味着学问,描述中生动或是迷惑的巧合都使意象逐渐清晰起来。我们的兴趣所在正是意象与物质形态的这种关联。

尽管被访者对所处的环境已经进行了某些调整,这三个城市的可意象性仍然存在明显的差异。某些特征,例如开放空间、绿化植被、道路走向、视觉对比等等,看起来在城市景观中具有特别的重要作用。

本书的其余部分大多都源自对这些基于视觉现实形成的群体意象的对比,以及随后的推测思考。可意象性和元素类型的概念(这些将在第 3 章中进行讨论),主要都是源自对这些材料的分析、提炼和发展。对于研究方法的优缺点的讨论将放在附录 B 中,在这里有必要让大家先了解我们工作的基础。

波士顿

我们在波士顿选择研究的地点是位于马萨诸塞大街以里的中央半岛部分,由于历史久远,富有欧洲风情,这个地区在美国城市中十分特殊。它包括大都市区的商业中心和几个高密度的居住区,其中有贫民窟,也有高级住宅。图 1 是这个地区的一张鸟瞰图,图 2 是一张线描地图,图 3 是通过实地考察得出的该地区主要景观元素的图示。

图 1,见 12 页
图 2,见 13 页
图 3,见 14 页

几乎所有的被访者都认为,这一部分的波士顿道路曲折迷惑,非常与

图1 波士顿鸟瞰图

众不同。有红砖的房屋,具代表性的是波士顿中央公园的开放空间、州议院的金色穹顶和从剑桥区隔查尔斯河看过来的沿河景观。许多人都强调它是一个古老的、历史悠久的地方,城市脏乱,到处都是破败的房子,其中掺插了一些新的建筑;狭窄的街道堵满了人和车,没有停车的空间,宽阔的主路与狭窄的街道形成鲜明的对比。城市中心区是个半岛,水形成了一个边界。除了中央公园、州府和查尔斯河,还有几个生动鲜明的元素,贝肯山、联邦大道、华盛顿街的商业区和剧院区、考普利广场、北碚、路易斯堡广场、城北端、集贸市场区以及邻近码头的亚特兰大大街。大量的细节描述中还提到了波士顿的其它一些特征:缺乏开放和休闲空间,是一个"孤立"的小型或中型城市,大面积的区域功能混杂,具有标志性特征的是沿河的窗户、铁花栏杆还有褐色砂石的建筑立面。

图4,见14页

　　大家通常都喜欢有水和大空间的全景景观,书报上经常引用的是在查尔斯河对岸拍摄的景色,还有沿平克尼街的河景,从布赖顿的一个小山上俯瞰的街景,从港口看到的波士顿全景等等。另外让人喜欢的还有它的

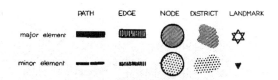

城市夜景,层层叠叠,城市看起来呈现出平日没有的兴奋。

　　几乎这里所有的人都能够了解波士顿的结构,查尔斯河以及河上的桥构成了非常清晰的边界,北碚大街的大部分,尤其是贝肯大街与联邦大道,都与河岸平行。这些街道从垂直于查尔斯河的马萨诸塞大街伸出,一直到波士顿中央公园和公众花园。同方向的北碚大街与亨廷顿大街交汇的地方就是考普利广场。

图 5,见 15 页

　　在中央公园较低的一侧是特里蒙特和华盛顿大街,两者互相平行,然后与几条小街道交织在一起。特里蒙特大街一直延伸到斯科雷广场,从这个交点,剑桥大街折回到另一个交点——查尔斯大街环岛,整个路网框架如此环绕着贝肯山,又回到了水边。离河更远的地方有一条更突出的水的边界,亚特兰大大街和港口区,这一部分与其它地方似乎没有必然的联

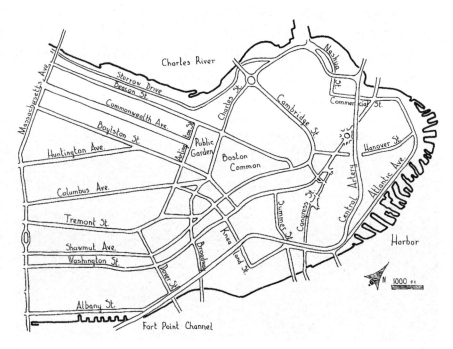

图 2　波士顿线描图

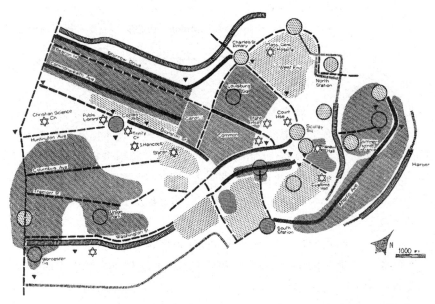

图3 波士顿主要景观

系。尽管许多场合都将波士顿精确地定义为半岛，但在视觉上很难将河流与港湾联系起来。当你从查尔斯河边远离时，波士顿慢慢失去了细节和内容，在某些方面看起来更像是一个"单面"的城市。

假设我们调查的人群具有代表性，那么几乎所有的波士顿人都可以告诉你上述的这些城市特点。同样他们也可能无法描述其它一些事情，比如北碚与城南端之间的三角地带，城北火车站南的荒地，博伊斯顿大街与

图4 从查尔斯河看波士顿

特里蒙特大街的交汇，或者金融区的路网结构。

　　最有趣的是，北碚与城南端之间的三角地带似乎"不在"了，即使是那些土生土长的当地人，所有被访者的意象地图中这里都是一块空白。这是相当大的一个地区，有一些知名的元素如亨廷顿大街，间或一些标志物如基督教科学教堂，但它们应该出现的地方都是空白。推测起来，造成这个地区消失的原因可能是火车轨道环绕后形成的阻隔，另一个原因可能是北碚的主路与城南端在感觉上平行，使得这块地在概念上被压缩了。

图 35，见 111 页

　　波士顿中央公园对许多人来说都是他们意象中的城市中心，再加上贝肯山、查尔斯河、联邦大道，是最经常被提到的尤其生动的地方，穿城旅行的人们通常会改变路线经过这些地点。波士顿中央公园，一处与城市最密集地区毗邻的巨大的开放空间，林木茂盛，意象丰富，平易近人，谁都不会弄错。它的位置由此也分别限定了其它三个地区的一个边界，贝肯山、北碚和市中心的购物区，因此成为所有人借以认识环境的一个参照核心。另外，它的内部也有具体的划分，包括一个小型地铁广场、喷泉、蛙塘、室外乐池、公墓、"天鹅池"，等等。

图 6，见 16 页

　　同时这处开放空间的形状非常特殊，是一个五边直角图形，很难记忆。由于它很大，而且树木繁茂，以至于在各个边都无法互相看见，人们试图穿越时常常会弄错。两条边界路，博伊斯顿和特里蒙特大街的宽度在城市规划中有一定限制，使得问题更加复杂，在一端这两条街以直角相交，而远处的另一端它们看起来是平行地从同一条基线——马萨诸塞大街上

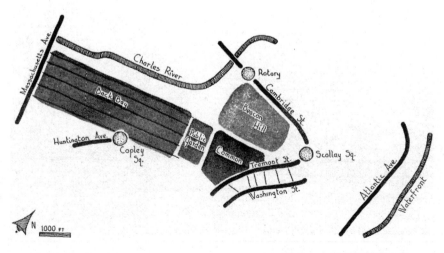

图 5　人所共知的波士顿

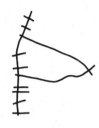

垂直伸出。另外,在博伊斯顿和特里蒙特大街的交叉点上,中心区的商业活动出现了令人尴尬的转折,功能活动减弱,直到更远处的博伊斯顿大街商业才又重新出现生机。所有这些都加重了城市核心形状的严重不确定性,成为辨别方向的一个主要缺陷。

波士顿拥有各具特色的地区,在中心区的大多数地方,仅仅通过周围的一般特征就能够知道所处的位置。其中有一个特别的区域,是由一连串特色各异的地块拼接而成,它们依次是北碛——中央公园——贝肯山——中心购物区。在这儿从来不会对地点发生疑问,只是这种主题的生动与排列的无形和混乱,作为一种特色,联系在一起。如果波士顿地区能够拥有清晰的结构和各异的特色,那么它的生动性还会大大加强。顺便说一下,即使现在这样,波士顿仍然与众多的美国城市大不相同,那些城市型制规整,几乎没有什么特点。

波士顿景观生动,但道路系统往往比较混乱。不过交通功能的重要性使得道路仍然支配着城市的整体意象,其它进行实验的城市也是如此。这些道路中除了历史条件形成的主路从半岛的基线部位向内呈放射状,其它没有什么基本的秩序。在大部分的城市中心区,东西向往来于马萨诸塞大街较容易,而在垂直方向相对难一些,这也反映出现状的城市肌理在各种意象旅程中容易引起人们的思维混乱。尽管这里路网结构无比艰难,但它的复杂性为第三章中的道路系统研究提供了大量的材料。前文曾提到

图6　波士顿中央公园

图 7　中央干道
图 8　波士顿意象中的问题

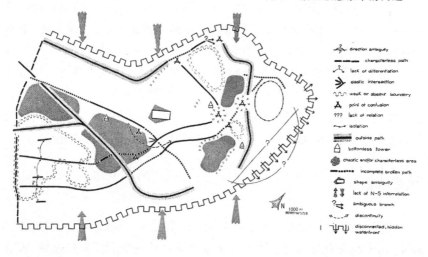

过"平行"的博伊斯顿和特里蒙特大街直角交叉后带来的困惑,规则的北碚格网道路,这种在美国大多数城市十分常见的特征,在波士顿由于和其余部分形态的对比,呈现出一种特殊的意象。

斯托罗干道和中央干道两条高速路穿过市中心区,如果你在老一点

17

图7,见17页

儿的街道上移动会将它们看作边界，如果是自己在上面驾车行驶它们又成了道路，这两种感觉都含糊不清。从每个角度看都呈现出完全不同的形象。如果从下面看，中央干道是一堵巨大的绿色墙，断断续续，时隐时现；若是看作一条路，它是一条升起的丝带，曲折起伏，镶嵌着标志牌。令人惊讶的是，这两条路给人的感觉都是在城市"外面"，即使穿过它也没有什么联系，每一个交叉口的转弯都让人迷惑。无论如何，斯托罗干道依赖于城市的基本形态，与查尔斯河关系紧密；而另一方面，中央干道无缘无故地在城中蜿蜒，切断了汉诺威街，也阻断了与城北端的联系。另外，它还经常与考塞威大街——商贸大街——亚特兰大这条线产生混淆，尽管这两条路截然不同，但感觉上它们都被看成是斯托罗干道的延伸。

波士顿道路系统中也有好的一面，即道路的某一片断可能有十分鲜明的特征，但这个毫无规律的系统由独立的元素组成，一个连一个，或者根本就没有联系。这个系统很难去描绘，也很难作为一个整体去产生意象，通常必须集中按照交点的顺序来对待。这些交点或是节点对于波士顿因此非常重要，于是许多平淡的地区常常用一些它们结构中心的交叉点的名字来命名，例如"帕克广场"地区。

图8,见17页

图8是对波士顿意象分析的一个总结，也可以说是进行规划设计准备的第一步。它用图像汇集了城市意象中的一些主要难点，即混乱、节点的不确定、边界模糊、孤立、连续中断、含糊不清、分叉、缺乏特征与个性等等。如果将这张图再与意象强度和潜力的表述相结合，就相当于小尺度规划的环境分析阶段。正如环境分析一样，这不是最终确定一个规划方案，而是提供可以产生有创造性决策的背景因素。由于是在一个更广泛层面上的分析，比起前面的图示，它自然地要包括更多的解释说明内容。

泽西城

图9,见19页

新泽西州的泽西城位于纽瓦克和纽约市之间，是这两个城市的边缘地带，几乎没有自身的功能中心。十字交叉的铁路线和高架快速路，使它看起来更像是一个路过的地方而不是能够居住的城市。整个城市被佩利塞德岩壁切断，由不同种族和阶层的住宅区组成。由于新开辟的乔纳尔广场，自然形成的商业中心的发展受到了阻碍，以至于城市的中心区好像不只一个，而是有四五个。不协调、完全混乱的道路系统加重了空间的无序和结构的不均匀，这是美国城市衰败地区的代表特征，城市的单调、垃圾

和臭味是最初给人的强烈印象。当然这都是初到这里的表面看法,去了解
那些在此生活了许多年的人们对城市的感觉可能会很有意思。

　　我们用与波士顿一样的比例和符号绘制出在泽西城内进行实地调查
的视觉结构。城市的外形和式样比外来者想象的要多一点,事实上如果它
要适于居住也必须这样。不过与波士顿的同一地区相比,这里拥有的值得
自豪的可识别元素相当少。大部分地区被强硬的边界打断,整体结构的关
键点是乔纳尔广场——两个主要的商业中心之一。赫德森林荫道从广场
中间穿过。从林荫道向下是"卑尔根区"和重要的西界公园。纽瓦克、蒙哥
马利和康米尼波——格兰德三条大街向东越过岩壁边缘,大致汇聚在较
低的一侧。医学中心位于岩壁之上,在赫德森河水陆运输码头区的栅栏
处,所有的意象都在此终止。这就是城市的主要形态,大多数被访者都熟
悉,可能只是那三条下山路中有一两条比较含糊。

　　泽西城与波士顿,如果使用同样的图例表示各自城中的一致公认的
与众不同的元素,毫无疑问泽西城是一个缺乏特征的城市,它的地图几乎
是空白的。乔纳尔广场的突出是因为它密集的商业和娱乐活动,但这里交

图 10,见 20 页

图 37 和图 41
见 112 页和
114 页

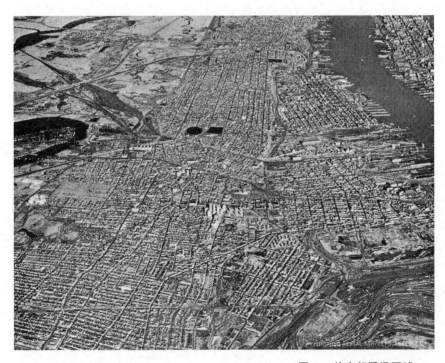

图 9　从南部看泽西城

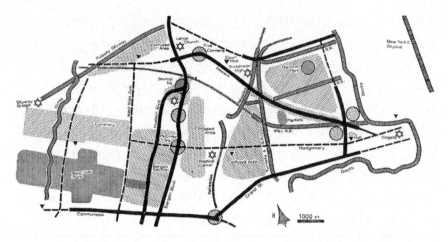

图 10　实地调查的泽西城视觉结构

图 11,见 21 页
通与空间的混乱令人迷惑不安;赫德森林荫道与广场相比以长度取胜;接下来的西界公园,是城中惟一的大型公园,也是城市整体肌理中的一个调剂,它不断被引证为城市中与众不同的一个区域;"卑尔根区"主要因为是一个民族地区,所以十分特殊;新泽西医学中心非常显眼,一个庞大的白色建筑从岩壁的边缘上高高耸起,显得十分怪异。

图 12,见 21 页

　　此外,除了远处纽约市令人敬畏的天际线,这里几乎没有一致认为独特的景观了。另外一个城市意象的图示中表现的是那些实用的必需元素——主要的道路,首先是那些交通顺畅的街道,这些交通的联贯性在泽西城的大多数道路中比较罕见。城市中只有几个零星可识别的地区和标志物,缺乏普遍认同的中心或节点,然而城市仍然被几个强烈、孤立的边界所限定,即高架的铁路线与公路线、佩利塞德岩壁和两处滨水码头区。

　　在单独研究采访记录和被访者勾画的草图时,我们发现,虽然被访者已经在这里居住多年,但是显然没有人能够对城市有一个近乎全面的了解。他们勾画的地图经常是片断的,有大片的空白,更多地局限于自己居住的地域。河岸看起来是一个相当孤立的元素,通常地图要么上详下略,

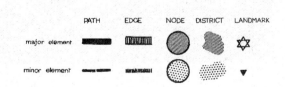

图 11　乔纳尔广场

图 12　新泽西医学中心

要么上略下详,上下之间由一两条完全概念性的路连接起来,下面部分看起来更难理清结构。

当要求对城市作一个简要的特征描述时,最常见的评论是:"它不是一个整体,没有中心,由许多居住区组成。""当你看到'泽西城'这三个字

21

时,最先想到的是什么?"这个对于波士顿人十分简单的问题,在这里很难回答,一遍遍地,被访者重复着"没什么特别的"。城市没有象征性的事物,没有什么与众不同的地区。一位妇女说到:

> 这实在是泽西城最让人同情的一件事情,如果有人从远方来,没有什么地方我可以对他说:"哦,我想你应该来这儿看看,这儿实在太美了。"

对城市的标志问题,最普遍的答案是隔河而望的纽约市天际线的景观,而城里什么也没有,泽西城的特征感觉更多像是位于别的地方边缘上的一个地方。有一个被访者认为他心目中泽西城的两个标志物,是位于一侧的纽约市天际线和另一侧通往纽瓦克的普赖斯基高架公路。另一个被访者更强调在城中被屏障环绕的感觉,要走出泽西,你如果不走赫德森河底,就只有穿过混乱的托内尔交通环岛。

图13

如果能够完全从头开始兴建,那么你几乎无法找到一处比泽西城更富戏剧性、更可意象的选址和地形,但是人们一提及这里的整体环境,总是和"脏"、"旧"、"单调"这些词汇联系在一起,道路不断被描述为"使人丧

图13 泽西城的一条街

气"。值得注意的是在调查中很少有提到环境的资料,城市意象的特性常常是概念性的,而不是被感知的有形体。最惊人的是,描述大都倾向于借助街道的名称和使用功能,而非视觉意象。下面我们以一段在一处熟悉地点的旅行描写为例。

> 穿过高架路后,有一个向上的桥;过桥以后,在桥下的第一条街,有一个皮革包装公司;走上大街之后的第二个街角,你可以看到街两边都有银行;在下一个街角,右手边是一家无线电器材店和一家五金商店紧邻在一起,左边在过街之前是一家百货店和一家洗衣店。再向前是第七街,左边街角朝向你有一个酒吧,右手边是一个蔬菜市场,小路的右边是一家卖酒的商店, 左边是家百货店。接下来就是第六街,除了上面有铁路通过,没有什么别的标志。从桥下穿过铁路,下一个就是第五街,右边是家酒吧,过路口之后的右边是一个新改建的车站,左边有一家酒吧。第四街——当你到了第四街,在右手街角有一块空地,空地边是一家酒吧;在右边朝向你的是一家肉类批发点,左边正对着它是一个玻璃店。下一个是第三街——来到第三街你会看见右边有一家药店,路对面的右边是一家威士忌酒铺,左边是一家百货店,路对面是一家酒吧。下一个是第二街,左边是一家百货店和它对面的一家酒吧,右边在过马路之前有一处卖日用品的地方。然后是第一街,左边是一家肉店,对面是一块空地用作停车场,右边是一家服装店,还有一家糖果店……

等等诸如此类。在所有的描述中只有一两处视觉意象,即一个"向上"的桥,还有可能就是穿过铁路的地下道。当被访者到达哈米尔顿公园时,她才第一次看到了周围的环境,通过她的眼睛,人们立即瞥见了一个围合的开敞空间,圆形的中央乐池和周围的长椅。

还有许多关于难以分辨的物质景观的描述:

> 到处都差不多……对于我或多或少还是没什么。我的意思是,每当我沿着街走来走去,几乎都是一样的东西——纽瓦克大街、杰克逊大街、卑尔根大街。有时你无法确定正在走的是哪一条大街,因为它们几乎是一样的,没有什么东西可以区分。

> "如果我到了费尔尤大街时,如何确认是否是它呢?"

> 通过路牌,这是城市里惟一辨认街道的方法。街角又是一个住宅

楼,没什么特别的。

我想我们通常都能找到路,车到山前必有路。试图寻找一个地方可能会花一些时间,偶尔还会有些迷惑,但我想最终你会到达你想去的地方。

在这种难以辨认的环境中,需要借助的不仅仅是使用功能,而更多依赖的是功能的渐变,或是结构变化的相对状态,路牌、乔纳尔广场的大广告牌、工厂都成为标志物。任何美化环境的开放空间,例如哈米尔顿或范沃斯特公园,尤其是大规模的西界公园均受到欢迎。有两次,被访者把某个十字路口的小块三角形草坪作为标志物。还有一个妇女提到她会在某个周末开车去一个小公园的高处,然后只是坐在车里看着公园。医学中心前那块小小的景观广场,似乎和它的体量与天际线轮廓一样,具有重要的识别特征。

即使是久居于此的当地居民,对这里的环境也表现出不满,没有方向感、无法描述或是难以辨别局部,他们的意象也反映出这里可意象性较低的事实。但纵然是这样一个看起来混乱的环境,事实上也存在一些形态,人们掌握了这种形态,并着力于一些小的线索来详细描述这种形态,把大家的注意力从物质外观上转移到别的一些方面中去。

洛杉矶

图 14,见 25 页

洛杉矶位于大都市区的中心地带,和波士顿也完全不同,呈现的又是另外一种景象。与波士顿和泽西城相比,我们在洛杉矶的研究区域只包括中心商业区和它的边缘。被访者对这一地区的熟悉并不是因为居住于此,而是因为他们在这一地区的某家办公室或是商店工作。图 14 是我们使用惯常方法进行的实地调查。

作为大都市区的核心,洛杉矶的中心区更是充满了意蕴和功能活动,到处都是大型而且独特的建筑,它拥有一个基本的形态就是近乎规则的道路网。但大量的因素作用使它最终形成的是与波士顿不同、也不够鲜明的意象。首先是大都市地区的分散,虽然中心区仍被礼貌地称为"市区",实际上还另有几个人们用来定位的核心区。中心区的商店密度虽然很高,但已不再是最好的商店,大多数市民都已经很少光顾。其次,方格网的道路形态本身就是一种无法分辨的模型,元素的定位选址没有充分信心。第

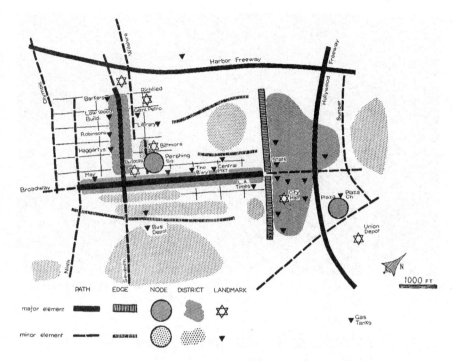

图 14　实地调查的洛杉矶

三,中心区的功能活动在空间上发生延伸和转移,淡化了它带来的影响。频繁的改建抹去了历史进程中形成的识别特征,元素自身,尽管(有时是因为)它们一遍遍地修饰, 试图表现华丽, 但在表面上它们常常缺乏特征。不过,我们现在注意的不是又一个混乱的泽西城,而是一个活跃且生态合理的大都市中心区。

　　从航拍照片中我们对这里的景观可以产生一个印象, 如果不注意它的植树方式和远处的背景, 这里很难与大多数美国城市的中心区区分开来,同样火柴盒似的堆砌起来的银行办公建筑,同样无所不在的道路和停车场,然而这里的意象地图要比泽西城密集得多。图15,见26页

　　洛杉矶意象的基本结构是珀欣广场, 位于百老汇大街和第七大街两条商业街形成的 L 型转弯处,所有这些都位于基本的道路方格网内。百老汇大街远端是市中心地区, 再远处就是在人们情感上占据重要地位的奥尔维拉广场大街。与百老汇大街并排的是斯普灵大街金融区,再过去是斯基德罗大街(梅因大街)。好莱坞与海港快速路可以被看作是 L 型广场另两个开放的边界。在综合意象中值得注意的是梅因或洛杉矶大街以

25

图 15　从西部看洛杉矶

图 43,见 115 页

东、第七大街以南的地区,除了方格网的延续,几乎是一片空白;中心区位于一个真空地带,L 型的中心区散布着大量印象中的标志物,主要是斯特勒和比尔特摩酒店,另外还有里奇菲尔德大楼、公众图书馆、鲁宾逊和布洛克斯百货商店、联邦储蓄大楼、交响乐团音乐厅、市政厅和联合储运。但这其中只有两个被描述得详细具体,一个是丑陋的黑色和金色相间的里奇菲尔德大楼,另一个是市政厅的锥形塔顶。

图 16,见 27 页

　　除了市中心区,可以识别的区域要么很小,要么沿着道路边界呈狭长的线形(例如第七大街的商店、百老汇的商店、第六大街上的运通大街、斯普灵大楼的金融区、梅因大街上的斯基德罗大街),要么相对较弱,像邦克山和小东京。市中心区意象强烈,因为它有显著的功能、规模、开敞的空间,以及新建筑和明确的边界,几乎没有人注意不到。尽管有历史内涵,邦克山的意象却并不强烈,好几个人感觉它"不在市区"。市中心不但与这个主要的地形特征相协调,而且成功地在视觉上掩盖了它,实在令人惊讶。

图 17,见 28 页

　　珀欣广场在所有元素中最为强烈,它是一处位于市区心脏部位的景观奇异的开放空间,因为又是室外政治论坛、信徒野营集会、老年人休闲的场所,意象得到进一步加强。连同奥尔维拉广场的街道节点一道(包括另一个开放空间),珀欣广场成为描述最鲜明的一个元素——完美的中央草坪,里圈由香蕉树环绕,然后是老人整齐地排坐在石墙上,之后是繁忙

图 16　市中心区

的大街，最后是紧密排列的市区大楼。尽管层次分明，但它给人的感觉并不时常是愉快的，有的被访者表明他们害怕里面那些行为古怪的老人，更经常提到的烦恼是这些老人围住了周边的石墙，让人无法接近中心的绿地。先前的广场是一片小树林，点缀着长椅和一些步行道，有点松散，但现在的广场更令人不快。中央草坪让人反感的不只是它阻止了在公园里散步的人，而且人们也不再可能像走步行街一样横穿这块空间。不过这里仍然形成了一个高度可识别的意象，红褐色体块的比尔特摩酒店作为一个主要的标志物，又加强了这种意象，通过它，人们可以有效地辨别广场的方向。

　　珀欣广场除了这些在城市意象方面的重要性，对它位置的认识似乎有一点摇摆不定。它距离两条关键性大街——第七大街和百老汇大街一个街区很近，许多被访者都知道它的大致方位，但又不能准确说出它的具体位置。旅行中他们往往需要在经过的每一条小街道，都留心地向一旁寻找。这似乎是由于广场的位置偏离市中心，也可能和被访者容易混淆不同

27

图 17 珀欣广场

的街道有关。

百老汇大街可能是惟一一条所有人都不会混淆的大街，作为市区最早的主要道路而且至今仍是商店密集的最大地区，标志性的特征有人行道上拥挤的人群、连续不断的商店、电影院的大帐篷，还有路上的小汽车（别的街道只允许公共汽车通行）。如果要有一个中心的话，百老汇大街可以勉强被看作是个中心区，但这里并不是被访的中产阶级人群购物的场所。人行道上摩肩接踵的是有色人种、少数民族和低收入人群，他们都居住生活在中心区周围。被访者都认为这个线形中心是异己的，对待它都有不同程度的回避、好奇或是恐惧，他们都能很快描述出百老汇大街的人群与在第七大街上的不同之处。第七大街即使不是豪华街，至少也算是一条中产阶级购物的商业街。

图 18，见 29 页

通常，除了第六、第七和第一大街，很难区分一个又一个编号的街道，在采访中这种对街道的混淆十分明显。在更小的范围里，那些取了名字的纵向街也是经常张冠李戴。有几条南北向的街，尤其是弗劳尔、霍普、格兰德和奥利弗街，都通向邦克山，它们之间偶尔也会被互相混淆。

尽管某一条街道可能会被混淆，但几乎没有被访者会在行程中迷失

图 18　百老汇

方向。街道的底景，例如第七大街的斯特勒酒店、霍普街上的图书馆、格兰德街旁的邦克山，还有两边功能和人行道密度的不同（比如沿百老汇大街），这些看起来都足以提供方位的差异。即使是市中心的规则方格网，无论是由于地形、快速路，还是路网本身的不规则，所有的道路在视觉上都是封闭的。

　　穿过好莱坞快速路，奥尔维拉广场大街的中心节点是最强烈的元素之一。它的形状、树木、长椅、人群都被清晰地描述，花砖、鹅卵石（实际上是砖）铺砌的路面，紧凑的空间、货摊上的东西，甚至连蜡烛和糖果的味道都不会搞错。这个小地方不但看起来与众不同，而且它是历史上惟一一处真正位于城里的船只抛锚地点，好像能由此让人产生一种强烈的依恋。

图 19，见 30 页

　　然而，当被访者位于联合储运大厦与市中心区之间时，同样普通的一块地区，他们却很难找到方向。道路网好像消失了，那些知名的大街无法确定是如何与这片随意的地块相连接的。阿拉米达大街没有平行的南北大街，而是奇怪地向左边分开。市区的大规模拆除几乎已经抹去了原有的道路网，取而代之的也没什么新的东西，快速路是一个下陷的边界。在被要求从联合储运大厦走到斯特勒酒店，当第一大街映入眼帘时，你几乎可

图 20，见 31 页

图 19　奥尔维拉广场

以听见被访者那种解脱的感觉。

当被要求整体地描述或形容城市时，被访者使用的都是一定的标准词汇："伸展"、"开敞"、"无形"、"无中心"，洛杉矶似乎很难从整体上想象或概念化。普遍的意象就是一种无尽的延伸，住宅区的周围可能有一些舒适且有内涵的空间，也有让人疲劳和迷惑的地方。有个被访者说：

> 仿佛你打算去一个地方好长时间了，可当你到了以后，会发现那儿什么都没有。

不过事实证明，在一个区域范围内辨明方向也不是很难。对于老一些的居民，借以辨向的包括大海、山脉和丘陵，像圣费尔南多的山谷地区，贝弗利山周围的大开发区，主要的快速路和林荫道系统，还有就是整个大都市区围绕中心区城市历史的递减，表现在建筑上，就是位于城市生长的连续环上代表不同时代的建筑的状态、风格和类型在不断变化。

但是在这种大尺度之下，结构和个性似乎难以分辨。没有中等规模的地区，道路十分混乱，被访者表明他们一走出惯常的路线就容易迷路，人们对路标的依赖性很大。在小的尺度范围内，偶尔会有一块个性鲜明含意

图20　好莱坞快速路

丰富的地方,比如山中的小屋、海滩上的别墅,或是某处非常特殊的植被,但这些并不常见。而结构之间重要的中间联系,以及中等规模地区的可意象性往往较弱。

在几乎所有的采访中,当被访者描述他们从家里去上班的行程时,离市区越近,他们印象中鲜明的部分越少。在家附近,他们很详尽地叙述了每一个坡道和转弯、植物和人群,表明了他们的兴趣和快乐。靠近市中心时,意象逐渐暗淡、抽象和概念化,和泽西城一样,这里的市中心基本上是一系列的功能名称和店铺立面的集合。这在一定程度上是由于在主路上驾车带来的更多的紧张,然而好像即使是下车之后还是这样,显然主要原因是视觉材料本身的乏味,再有可能就是市中心加剧的烟雾污染的影响。

顺便提一下,烟雾污染是市区居民经常提及的痛苦,它模糊了环境的色彩,使得整个色调被说成是发白的、淡黄的或是灰白的。有几个每天开车进城的被访者提到,他们一般早晨都会注意里奇菲尔德大楼或是市政厅的能见度,以此来确定烟雾的污染程度。

图 20,见 31 页　　　汽车交通与快速路系统是采访中的最大问题，它是每天都要经历的"战斗"——有时让人兴奋，而大多数时候令人紧张和疲惫。在具体的行程中需要不断地参照信号灯和路标，常常会遇到交叉口和转弯的问题；在高速公路上，必须提前很远就作出决定，而且要不断地变换车道。这有点像是在船上拍摄急流，同样激动、紧张，同样需要努力"保住脑袋"，许多被访者都提到他们初次在一条新线路上驾驶时会有些恐惧。对有的人来说，开车是一种充满挑战性的高速游戏，频繁地遇到天桥、大型立交桥，体验下滑、回旋、爬升的动感乐趣。

　　在这些快速道路上，人们能够对主要的地形形成一些认识。有个被访者感觉到她每天早晨行程的中点是翻越一座大丘陵，并且还画出了大致的形状；另一个人提到由于新建道路，城市规模扩大，她对城市元素之间相互关系的整体概念都发生了变化。和在沟底行驶时两边防护筑堤的单调感觉相对比，人们充分享受在高速公路升起部分刹那间视野宽广的愉悦。另一方面的问题与波士顿类似，驾驶员很难找到高速公路的出入口，并且无法将它与城市其余部分的结构联系起来。很多人都有这样的体验，当从高速公路的坡道驶离时会有瞬间迷失方向的感觉。

　　另一个频繁出现的主题是相对的历史年代。这里环境中许多事物都是崭新的或是不断变化的，显然，那些剧变中幸存下来的，都已经普遍、而且是被病态地加建、改建，于是小小的奥尔维拉广场，甚或是邦克山上破败的饭店，都得到了众多被访者的关注。这些采访给我们留下的印象是，这里的人们对古旧事物的情感依附似乎比守旧的波士顿还要强烈。

　　无论是洛杉矶还是泽西城，人们对花草树木都十分喜爱，事实上这也是城市中许多居住区的荣誉，上班路上开始的部分到处都是鲜花和植物，景象生动，就连驾车疾驶的司机似乎也喜欢城市的这种细节。

　　但是这些评论并没有与所研究的地块直接相关联。洛杉矶中心区有相当多独立的建筑标志物，决不像泽西城那般杂乱无章，但是除了很难分辨的概念化的道路网，人们无法将城市作为一个主体来组织或是理解。它没有强烈的象征物，其中的百老汇大街与珀欣广场，虽然意象强烈，但至少对于中产阶级的被访人群来说，是异样而且危险的，没有一个人将它们描述为愉快或是美丽。那个小型的不起眼的奥尔维拉广场，连同以第七大街高处的标志物作为象征的几个商店或娱乐场所，是仅有的任何人都喜欢的元素。有一位被访者说，位于城市一端的古老广场和另一端的威尔希尔林荫道，才称得上是有特征的事物，也因此就组成了洛杉矶。洛杉矶的

意象中似乎十分缺乏波士顿市中心那种可识别特征、稳定性和令人愉快
的意蕴。

共同主题

比较这三个城市，如果说我们可能从如此小的取样研究中发现什么
的话，那就是人们能够适应环境，并从身边的材料中提取出环境的结构和
个性。尽管在城市意象中使用的元素类型可能随实际形态的变化所占比
重不同，但它们的种类以及使意象或强或弱的特性，在这三个城市中仿佛
十分相似。不过同时，在这三个不同的物质环境中，人们的方向感和满意
度仍然存在显著的差异。

实验从其它方面也说明了空间与景观广度的重要性。波士顿的查尔
斯河沿岸占据景观主导地位，因为它由此将人们引入市内的宽广视觉走
廊，绝大多数的城市元素能够一眼就看出它们之间的关系，和相对于整体
的地位。洛杉矶的市中心区值得注意的是它空间的开敞，泽西城的被访者
关注的是当从佩利塞德岩壁走下来时面对的曼哈顿的天际线。

图 4，见 14 页

被访者也多次提及由开敞的景观而产生的感情上的愉悦。在我们的
城市中，对于千百万每天穿行其间的人们，是否可能使这种全景景观的体
验变得更为容易？尽管宽阔的景观有时会展示混乱，或是表现莫名的孤
寂，但是一个处置得当的全景景观似乎仍是城市快乐的源泉。

未经加工的或是无定形的空间可能不会让人高兴，但很可能会十分
显眼。在波士顿许多人都认为杜威广场的清理和挖掘形成了一个吸引人
的景观，无疑这与别处拥挤的城市空间形成了对比。然而一旦空间有了一
些形状，比如沿查尔斯河或是在联邦大道，珀欣广场或是路易斯堡广场，
甚或是在考普利广场，空间的效果都要更加强烈，特征过目不忘。如果波
士顿的斯科雷广场或是泽西城的乔纳尔广场不仅仅在功能上具有重要作
用，而且具备相称的空间特征，那么它们绝对能成为城市的关键特征。

城市的景观特征，植被或是水面，经常会被欣喜地关注和谈论。泽西
城的被访者强烈地感知到周围的几处绿地，而洛杉矶人则常常停下来开
始描述当地植被奇异的多样性。几个被访者叙述他们每天绕道上班，只是
为了可以经过一些特殊的种植园、公园或湖水。以下摘录的是一个人的一
段普通的洛杉矶行程：

你穿过日落大街,途经一个小公园——我不知道它的名字,它非常漂亮,嗯,蓝花楹就快要开花了,一栋占了大概一个街区的房子上面满是这种花;向前沿着坎农大街,有各种各样的棕榈树,高高低低;再往前又到了公园。

适应机动车行驶的洛杉矶,连同它的道路系统,形成了最生动的实例,包括其自身的路网组织、与城市其它元素的关系,以及空间、景观、运动自身的内在特征。在大多数人体验环境的过程中,道路具有的视觉主导地位和作为网络的重要影响力,通过波士顿和泽西城的资料也得到了充分的证明。

很明显,人们也不断谈论到社会经济阶层,比如在洛杉矶的百老汇大街被访者避开"下等阶层"的人群,泽西城的卑尔根区是"上等阶层"的住区,波士顿的贝肯山两侧是绝对不同阶层居住的两个区。

采访中还有另外一种普遍的反映,就是物质景观体现时间推移的象征方式。在波士顿的采访中充满了时代的对比,比如"新"干线穿过"老"集市区,阿奇大街古老建筑中新建的天主教礼拜堂,古老、阴暗、低矮的"三一"教堂在崭新、明亮、刻板、高耸的约翰·汉考克大厦幕墙上的倒影,等等。事实上,人们经常描述的好像是那些城市景观中形成对比的事物,比如空间的对比、地位的对比、功能的对比,以及相对的年代、清洁度或是地形的比较,元素及其特征正是在这种整体的环境中变得清晰明了了。

洛杉矶给我们留下的印象是,环境的剧变和那些反映历史的物质元素的缺失,让人又兴奋又烦恼。当地居民无论老少,对景观的描述中都夹杂一些对原来面目的叙述。有一些变化,比如高速公路系统带来的各种改变,已经在人们的精神意象中留下了疤痕。采访者在注释中写道:

在当地,人们似乎都有一种痛苦或是怀旧的情绪,可能是由于对诸多变化的怨恨,或仅仅是因为他们跟不上变化的节奏,无法重新确定方位。

在阅读采访材料时,如上所述的这类注解让人一目了然,不过我们仍有可能进一步更系统地研究访谈和实地考查的内容,从中获得更多对城市意象的特征和结构的认识,这将是我们下一章的任务。

第 **3** 章
城市意象及其元素

　　似乎任何一个城市,都存在一个由许多人意象复合而成的公众意象,或者说是一系列的公共意象,其中每一个都反映了相当一些市民的意象。如果一个人想成功地适应环境,与他人相处,那么这种群体意象的存在就十分必要。每一个个体的意象都有与众不同之处,其中有的内容很少甚至是从未与他人交流过,但它们都接近于公共意象,只是在不同的条件下,公共意象多多少少地,要么非常突出,要么与个体意象互相包容。

　　这种分析自身受到客观的、可感知物体的影响。其它对可意象性的影响,比如地区的社会意义、功能、历史,甚至它的名称,都将会被掩盖,因为此时的目的是要发掘形式自身的作用。人们想当然地认为在实际设计的过程中,形式应该用来对意蕴进行强化,而不是否定。

　　迄今为止,我们对城市意象中物质形态研究的内容,可以方便地归纳为五种元素——道路、边界、区域、节点和标志物。实际上,这些元素的应用更为普遍,它们总是不断出现在各种各样的环境意象中,这一点可以参考附录 A。对此五种元素的定义如下:

　　1. 道路　道路是观察者习惯、偶然或是潜在的移动通道,它可能是机动车道、步行道、长途干线、隧道或是铁路线,对许多人来说,它是意象中的主导元素。人们正是在道路上移动的同时观察着城市,其它的环境元素也是沿着道路展开布局,因此与之密切相关的。

　　2. 边界　边界是线性要素,但观察者并没有把它与道路同等使用或对待,它是两个部分的边界线,是连续过程中的线形中断,比如海岸、铁路线的分割,开发用地的边界、围墙等等,是一种横向的参照,而不是坐标轴。这些边界可能是栅栏,或多或少地可以互相渗透,同时将区域之间区分开来;也可能是接缝,沿线的两个区域相互关联,衔接在一起。这些边界元素虽然不像道路那般重要,但对许多人来说它在组织特征中具有重要作用,尤其是它能够把一些普通的区域连接起来,比如一个城市在水边或是城墙边的轮廓线。

3. 区域　区域是城市内中等以上的分区,是二维平面,观察者从心理上有"进入"其中的感觉,因为具有某些共同的能够被识别的特征。这些特征通常从内部可以确认,从外部也能看到并可以用来作为参照。在一定程度上,大多数人都是使用区域来组织自己的城市意象,不同之处在于他们是把道路还是把区域放在主导地位,这一点似乎因人而异,而且与特定的城市有关。

4. 节点　节点是在城市中观察者能够由此进入的具有战略意义的点,是人们往来行程的集中焦点。它们首先是连接点,交通线路中的休息站,道路的交叉或汇聚点,从一种结构向另一种结构的转换处,也可能只是简单的聚集点,由于是某些功能或物质特征的浓缩而显得十分重要,比如街角的集散地或是一个围合的广场。某些集中节点成为一个区域的中心和缩影,其影响由此向外辐射,它们因此成为区域的象征,被称为核心。当然许多节点具有连接和集中两种特征,节点与道路的概念相互关联,因为典型的连接就是指道路的汇聚和行程中的事件。节点同样也与区域的概念相关,因为典型的核心是区域的集中焦点,和集结的中心。无论如何,在每个意象中几乎都能找到一些节点,它们有时甚至可能成为占主导地位的特征。

5. 标志物　标志物是另一类型的点状参照物,观察者只是位于其外部,而并未进入其中。标志物通常是一个定义简单的有形物体,比如建筑、标志、店铺或山峦,也就是在许多可能元素中挑选出一个突出元素。有些标志物相距甚远,通常从不同的方位,掠过一些低矮建筑物的顶部,从很远处都能看得见,形成一个环状区域内的参照物。它们可能位于城里,在一定距离内代表一个不变的方向,这也就是它所有的实用意义,比如孤塔、金色穹顶或是高山。即便是像太阳这种运动足够缓慢、规律的移动点,也可以用来作标志物。其它的标志物主要是地域性的,只能在有限的范围、特定的道路上才能看到,比如那些数不清的标牌、商店立面、树木,甚至是门把手之类的城市细部,只要它们是观察者意象的组成部分,就可以被称作标志物。标志物经常被用作确定身份或结构的线索,随着人们对旅程的逐渐熟悉,对标志物的依赖程度也似乎越来越高。

处于不同的观察环境中,某个特定客观事物的意象类型偶尔也会发生改变。快速路对司机来说是道路,而对行人来说则是边界;一个中等规模的城市,其中心区可能是一个区域,而对于整个大都市地区来说,它只能是一个节点。不过这种分类对位于特定层面的某个特定观察者来说,似乎是固定不变的。

在现实中,上述个别分析的元素类型都不会孤立存在,区域由节点组成,由边界限定范围,通过道路在其间穿行,并四处散布一些标志物,元素之间有规律地互相重叠穿插。如果说我们的分析是从对基础材料分门别类开始的话,那么它最终必将重新统一成一个整体意象。我们的研究提供了许多有关元素类型形象特征的材料,将在下面进一步讨论。遗憾的是,对于元素之间的相互联系,或是意象的层次、特性以及意象的形成,我们没有更多地去揭示,关于这些内容,在本章结尾时会做一些叙述。

道　路

虽然道路的重要性会因人们对城市的熟悉程度而变化,但对于大多数的被访者,它仍然是城市中的绝对主导元素。初到波士顿的人往往会通过地形、大的区域划分、大致的特征以及大的方向关系来获取这座城市的意象;了解多一些的人通常已掌握了部分的路网结构,他们考虑更多的是一些特殊的道路及其相互关系;最熟悉波士顿的人则一般更倾向于依赖一些小的标志物,而不是区域或道路。

高速公路系统的鉴别和戏剧性不容忽视。一个泽西城的被访者刚开始觉得自己周围没有什么值得描述的东西,但当她说到霍兰隧道时,突然变得眉飞色舞。另一位女士这样叙述她的感觉:

> 你穿过鲍德温大街,整个纽约就呈现在你面前,佩利塞德岩壁的巨大落差显得有些恐怖……面前展开的是位于低处的泽西城,沿着山路下去,你会发现一条隧道、赫德森河,还有各种各样的事物……我常常向右看,能望见自由女神像,然后向上看一看帝国大厦,再瞧瞧天气如何……这种感觉真的让人高兴,因为我确实是到了某个地方,我喜欢这种感觉。

特定的道路可以通过许多种方法变成重要的意象特征。经常穿行的

37

道路当然具有最强的影响力，所以一些主要的交通线都会成为关键的意象特征，比如波士顿的博伊斯顿大街，斯托罗干道，特里蒙特大街，泽西城的赫德森林荫道，洛杉矶的快速路系统等等。交通线路中的一些阻碍经常使道路结构变得复杂，但从另一种意义上来说，它是将经过的交通流量集中起来，使结构变得清晰，因而这种阻碍会在概念上占主导地位。贝肯山就像一个大型的交通环岛，提高了剑桥街和查尔斯街的重要性。同样，公共花园也强化了贝肯街的形象；查尔斯河把交通限定在几座清晰可见的桥上，所有这些桥梁的形状，毫无疑问都使道路结构更加清晰；泽西城的佩利塞德岩壁也使人们的注意力集中到那三条成功穿越它的街道上。

图 30，见 58 页

那些沿街的特殊用途和活动的聚集处，会在观察者心目中留下极为深刻的印象。波士顿的华盛顿大街就是这样一个突出的例子，人们总是把它与商店和剧院联系在一起，有些人甚至把这些特征涵盖整个华盛顿大街，包括那些截然不同的部分，比如靠近议会街的地方，许多人甚至都不知道这条大街除了娱乐内容以外还有什么，认为它的终点在艾塞克斯或斯图亚特街附近。洛杉矶的这类实例更多，比如百老汇、萨默街、斯基德罗大街、第七街，这些大街上的使用功能集中，足以使其构成线形的区域。人们似乎对所接触的各种功能活动量的变化十分敏感，而且在很大程度上

图 18，见 29 页

习惯于根据主要的车流方向来认路，比如识别洛杉矶的百老汇大街是因为它的拥挤和车流，识别波士顿的华盛顿大街是由于其熙熙攘攘的人流，其它的地面活动也能使人们记忆深刻，比如靠近城南车站的工地，以及食品市场中交易的喧闹景象。

典型的空间特性能够强化特定道路的意象，凭直觉，无论很宽还是很窄的街道都会吸引人的注意，剑桥街、联邦大道、大西洋街是因其宽阔而成为波士顿的著名街道。这种宽与窄的空间特点的重要性，部分是因为主要街道的宽阔与次要街道的狭窄之间形成的一般对比关系，使人们不由自主地寻找并信任那些主要（也就是宽阔）的街道，波士顿实际的路网也符合这种假设的关系。狭窄的华盛顿街是一个特例，它在垂直方向的对比十分强烈，高大的建筑和拥挤的人流使街道显得愈发狭窄，这种极端的特征成为识别它的标志特征。至于波士顿金融区存在的不易辨向的问题，以及洛杉矶的道路网毫无个性，大约都是因为缺乏占主导地位的空间特征。

特殊的立面特征同样对于形成道路特征具有重要作用。贝肯街和联邦大道的明显差异，部分原因就是两者沿街建筑物立面的不同；洛杉矶的

奥尔维拉街情况比较特殊,在这儿地面纹理的作用非常重要;具体的植物通常不太重要,但像联邦大道上那样大量的种植,就成为加强道路意象的有效方法。

图 21

靠近城市中有特色的部分也会增加道路的重要性,道路此时还能起到边界的作用。大西洋街的重要性在于它与仓库和码头区的关系,斯托罗街是因为它位于查尔斯河畔,阿灵顿街和特里蒙特街与众不同的是由于毗邻公园,剑桥街的特征清晰是因为它是贝肯山的边界。另外,某条道路重要性还可能是因为其自身可能一览无余,或是从城市其它部分道路看过来一目了然。高架穿越城市的中央干道因为在视觉上突出而引人注目,

图 7,见 17 页

图 21　联邦大道

图20,见31页

查尔斯河上的桥在远处也很清晰。然而位于洛杉矶市中心边缘的快速路因为被河道或树木遮挡,许多开车的被访者甚至感觉不到快速路的存在,但当他从沟底驶出时,视野顿时开阔,司机的注意力也集中起来。

有时,道路的重要性主要归结为其结构原因。马萨诸塞大街对许多被访者来说只有纯粹的结构要素,几乎无法描述,但它与许多令人迷惑的街道的交错结构使它成为波士顿的主要元素。泽西城的大部分街道似乎只具备这种纯结构特征。

如果主要道路缺乏个性,或容易互相混淆,那么就很难形成城市的整体意象。波士顿的特里蒙特街和肖马特街很容易混淆,洛杉矶的奥立弗街、霍普街和希尔街也总不易分清,波士顿的朗费罗桥常与查尔斯大坝混淆,大约是因为它们都有干线经过并且是交通枢纽。这些混淆确实给城市的道路和地铁系统带来很多问题。泽西城就有不少街道,无论在现实中还是在记忆中都很难找寻。

道路只要可以识别,就一定具有连续性,这显然也是其功能的需要,人们通常依赖的就是道路的这种特性。机动交通和人行线路的通畅是基本的要求,其它特征的延续相对次要。在泽西城那样的环境里,那些可靠的道路仅仅在连续性上令人满意,尽管有些不便,但即使是陌生人也可以掌握。人们常以为其它特征也会随道路的延续而延续,但事实并非如此。

当然,其它因素的连续也十分重要。如果道路改变宽度,比如剑桥街在鲍丁广场的变化;或是空间的连续性被打断,就像华盛顿街遇到道克广场时,人们很难感觉到是同一条街在延续;而在华盛顿街的另一端,路两侧建筑物用途突然转变,于是很少有人知道华盛顿街越过尼兰街,一直延伸到城南端。

沿联邦大道的植物配置和沿街建筑立面,以及沿赫德森林荫道的建筑形式和退让红线,都是赋予道路以连续性特征的实例。名称在其中也有一定作用,例如贝肯街主要在北碛,但因为名称与贝肯山产生了联系;即使人们不了解城南地区,但华盛顿街名称的连续性也告诉他们该如何前往,尽管很远,但站在一条街名与市中心有关的道路上,那种获得联系的感觉必然令人轻松。另一个相反的例子是在洛杉矶的中心区,人们无法描述威尔希尔和日落大街的起点,因为它们的主要特征都在离市中心很远的地方。沿着波士顿码头的街道,考塞威街、商贸街和大西洋街,由于街名的不断改变,常常给人留下支离破碎的印象。

道路不但应该具有可识别性和连续性,还应有方向性,通过一些特征在某一方向上累积的规律渐变，沿线的两个方向能够容易区分。人们最经常感受到的是地形变化，在波士顿典型的是剑桥街、贝肯街和贝肯山；此外值得注意的还有，邻近华盛顿街时土地使用强度的渐变，以及沿快速路接近洛杉矶市中心时，在区域范围内建筑历史的递增；即使在泽西城模糊的环境中，也有两处基于房屋修缮的状况而形成的渐变实例。

延伸的曲线也是一种渐变，是在运动方向上的稳定变化，这种情况在运动中并不易被发觉。身体感觉到曲线运动的实例只有可数的几个，其中包括波士顿地铁以及洛杉矶快速路的局部。被访者提到的街道曲线主要都与视觉线索有关，比如人们感觉到查尔斯街在贝肯山边的转折，是因为封闭的外墙加强了对曲线的视觉感知。

另外，人们习惯于去了解道路的终点和起点，想知道它从哪里来并通向哪里。起点和终点都清晰而且知名的道路具有更强的可识别性，能够将城市联结为一个整体，使观察者无论何时经过都能清楚自己的方位。例如，对于城市的某个区域，被访者中有人想起的是道路的大致方向，而有人想到的却是一些具体场所。有一名被访者对了解城市环境有相当高的要求，当他看到一排铁轨时，会因为不知道火车通往何处而感到不安。

剑桥街的端点十分明确，查尔斯街环岛和斯科雷广场。其它的街道可能只有一个端点比较明确，例如联邦大道一端的公共花园，费德勒尔街一端的邮政广场。还有的类似华盛顿街，有人认为它的终点在国政街，有人认为在道克广场，还有人认为是在海玛凯特广场，甚至有人说是在火车北站，而事实上它是通往查尔斯顿桥的，尽管它本来有可能成为一条特征鲜明的街道，但这种终点的不确定性使其枉然。泽西城穿过佩利塞德岩壁的三条主要街道似聚而未聚，最后又莫名其妙地下沉，也令人极度困惑。

这种端点的特性同样也可能是由道路端点附近的其它可见元素或是道路的明确终点形成的，例如靠近查尔斯街一端的中央公园，以及贝肯街端头的州议会大厦的作用正是如此。另外洛杉矶第七街尽端的斯特勒旅馆，以及波士顿位于华盛顿街的原南方大会堂，都形成了明确的视线围合感，带来了相同的效果。这两种情况都是通过在视线轴上布置一个重要的建筑物，将道路的方向意识稍稍转移，从而达到同一目的。明确位于道路特定一侧的元素也能提供方向感，比如位于马萨诸塞大街的交响乐团音乐厅，沿特里蒙特街的波士顿中央公园，在洛山矶就连百老汇街西侧步行道上行人的相对密集也能够用来判断方向。

图 32，见 61 页

图 18，见 29 页

道路具有方向性之后，下一步就应该具有可度量性，使人们能够确定自己在整个行程中的位置，知道已走了多少路，还余多少要走。有助于度量的特征当然通常也能带来方向感，但是数街区这类简单的方法，并不能提供方向性，而只能用来计量距离。许多人都提到了这种方法，在洛杉矶的规则路网中，数街区的方法尤其得到普遍的运用。

更常见的方法也许是通过一系列著名的标志物或节点来获得度量。在一个可识别地区的出入口部位设置显著的标志，能够有效地增强道路的方向感并便于度量，例如查尔斯街从中央公园进入贝肯山地区，萨默大街在去城南车站的路上进入皮革制鞋区。

既然道路有了方向性，我们下一步就想探究它是否互相联系，即其方向能否在更大一些的系统中获得参照。波士顿有许多孤立的道路，一个共同的原因就是其中微妙的、给人错觉的弧度。大多数人都没有觉察到马萨诸塞大街在法尔默思大街处的弯曲，导致许多人对波士顿的整个地图感到困惑，他们认为马萨诸塞大街是笔直的，大多数街道与它垂直相交，所以这些街道应该互相平行；博伊斯顿和特里蒙特街同样令人迷惑，它们最初平行，其间经过许多小的转折，到最后几乎相互垂直；而大西洋街，由两段长曲线和主体的直切线组成，虽然道路两端的方向完全相反，但其最有特征的部分却是直线。

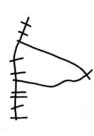

通过限定空间视野，或是在显著位置设置出色的建筑物，形成方向的突然转变，将会增加视觉的清晰度。华盛顿街的核心地段就是这样，汉诺威大街端头处因为有一座古老的教堂而显得精彩；城南端的一些道路在转折处与主要放射线路相交时给人一种亲切感；同样，在洛杉矶市中心，随格网道路的变化，外部环境的景观受到阻挡，于是人们感受不到城市的空旷。

导致某条道路与城市其它部分脱离的另一个原因，是其与周围环境元素的分离。比如波士顿中央公园就让人感到十分混乱，人们不清楚该走哪条路才能到达中央公园之外的某个地方，看不到公园以外的目的地，中央公园内外的道路也没有任何联系。中央干道算是一个好的实例，它与周围环境分离得较为彻底，道路被架空，即使相邻的街道也看不清楚，这使得市区内部快速且无干扰的交通成为可能。这是一种特殊的"机动车用地"，而不是普通的城市街道。尽管许多被访者都知道中央干道连接了城北和城南车站，但还是很难将它与周围别的元素联系起来。在洛杉矶也一样，给人感觉快速路并不像是在城里，从高速路出口坡道驶下时，总会有一阵几乎要完全迷失方向。

图7，见17页

最近在对新建快速路上设立指向路牌问题的研究表明，这种与周围环境缺乏联系的方法，使人们始终在压力当中做每一个转弯的决定，而且无法做好充分的准备。即使是经验丰富的司机也非常缺乏对快速路系统及其相关联系的了解，对他们来说，最迫切需要的是了解整体环境的大致方向。[2]

铁路和地铁是另一种道路与环境分离的实例。波士顿那些深埋的地铁线路，除了在通气孔的位置或是在穿越河流时才与周围环境发生联系。地铁的出入口可以算是城市中的战略性节点，它们之间存在着无形的、概念上的连锁关系。地铁线路是一个缺乏联系的地下世界，如果可能用一种方法将地铁与城市的总体结构结合起来，将会是一个十分有趣的问题。

环绕波士顿半岛的水路是决定城市各部分布局的基本因素，北碚区的格网道路与查尔斯河相连，大西洋街通往码头区，剑桥街很显然是从斯科雷广场通向河滨。尽管泽西城的赫德森林荫道十分曲折，但它和位于哈肯萨克和赫德森之间的狭长地段紧密联系在一起。洛杉矶的方格网道路自然而然地使市中心的道路形成系统，即使个别街道容易混淆，但被访者都能很快画出道路的基本结构草图。三分之二的被访者首先画出了方格网系统，之后再加上其它元素。然而事实上，方格网方向与海岸线和城市主要方向都呈一定角度，因此给许多被访者认知这个城市带来了一定的困难。

图 29，见 57 页

当我们考虑一条以上的道路时，道路交叉点就变得十分突出，因为这里算是人们必须做出决定的点。简单的正交关系，尤其是周围有其它特征强化形状的交叉点，很容易感知。根据我们的调查，波士顿最著名的交叉点是联邦大街和阿灵顿街的交点，它是一个由空间、植物、交通及其重要性汇聚而成的、显而易见的 T 字形空间。查尔斯街与贝肯街的交点也十分有名，中央公园和公共花园的边界强化了它的轮廓。许多街道与马萨诸塞大街垂直相交形成的交叉口，非常容易理解，同时可能因为与城市中心其它部分不同而引人注目。

事实上，对于一些被访者，他们心目中波士顿的典型特征之一，就是以各种各样角度相交的令人迷惑的道路交叉口。超过四个路口的交叉点总会带来麻烦。一位对道路结构相当熟悉的出租车调度员承认，城中有两个地方令他感到混乱，一个是萨默街在格林教堂附近五条路的交叉口；另一个是一处交通环岛，许多条路以很短的间隔，汇聚在一条无法分辨方向的圆形曲线上。

但是问题也不全在于路口的多少。正如波士顿的考普利广场,即使一个不是直交,或有五个路口的交叉点也有可能组织得十分清晰。这个节点围合的空间和升起的特征,展现了亨廷顿大街和博伊斯顿街呈一定角度的关系。然而帕克广场虽是一个简单的正交路口,但由于它没有清晰的形状,无法理清整个结构。波士顿的许多路口,不仅仅是多条道路的汇聚点,而且一旦遇到了混乱、空旷的广场,道路也完全失去了空间通道的连续性。

图22

这些混乱的交叉口不能说仅仅是历史演变的结果,现如今高速公路的交叉口更加令人迷惑,因为人们在此必须以更快的速度通过。正如泽西城的几个被访者提到,他们害怕经过托内尔街的环岛。

在更大尺度上产生的感知问题,主要是由于道路稍微分叉之后,形成了两条均很重要的道路,让人很难分辨。其中一例是在斯托罗街(它的街名还容易与查尔斯街混淆),分叉之后形成的两条道路,老一点的是纳什

图22　托内尔街环岛

瓦街,通向考塞威街、联邦大道和大西洋街,新的通往中央干道。这两条道路很少不被混淆,是城市意象中最常出现的差错。所有的被访者似乎都无法同时确认这两条路,他们的意象地图中只显示出其中一条是斯托罗街的延伸。类似地在地铁系统中,主线的连续分支也带来同样的问题,人们很难辨别两个几乎一样的分支,也记不清它们始于何处。

在意象中少数几条重要的道路,只要它们之间有牢固的联系,就可能忽略其中细小的不规则,形成一个简单结构。不过波士顿是个例外,除了华盛顿街和特里蒙特街两者基本平行以外,整个道路系统无法形成简单意象;而波士顿的地铁系统,不管事实上它有多么错综复杂,却很容易就能想象成有两条平行线,再加上剑桥——多彻斯特线在中间拦腰穿过,只是也许因为这两条平行线均通向城北车站,容易互相混淆。洛杉矶的快速路系统似乎也可以意象成一个完整的结构,泽西城的道路结构是由三条穿越佩利塞德岩壁的路,与赫德森林荫道相交,以及位于西界、赫德森和伯根林荫道周围规则的街道共同形成的完整简洁的意象。

对习惯于开车出行的人来说,单行道的限制常使其对道路结构的意象复杂化。前文的出租车调度员提到的第二个让他感到困惑的道路环岛,就是因为系统中有这种不可逆行的街道存在。对于大多数人,华盛顿街在穿过道克广场时给人一种终点的感觉,就是因为它在两个方向上均为进入广场的单行道。

大量的街道,当它们的重复关系充分有规律可循时,就能够被看成是一个完整的网络,洛杉矶的道路网就是一个很好的实例。几乎每一个被访者都可以轻易画出大概二十多条主要道路,及其正确的相互关系;不过同时,这种极其规律的关系也使他们很难区分这些道路。

波士顿北碴区的道路网十分有趣,其规律性使它与城市中心其它部分形成鲜明对比,这种效果在大多数美国城市中都不会出现。同时它并不是毫无特征的规律性,许多人在脑海里会立刻把纵向和横向的道路分开,就像曼哈顿的路网一样。这些纵向街都有自己的特色,比如贝肯街、马尔巴勒街、联邦大道、纽伯里街,形态各异,与之相交的横向路成为一种度量的参照。街道相对的宽度、街区的长度、建筑的正立面、命名的方式、双向街道相对的长度和数量,以及功能的重要性,所有这些都拉大了它们之间的差异性。因此,一个有规律的图形就被赋予了形式和特征。区域内通常按照字母顺序来命名横向道路,这也成为一种定位的方法,与洛杉矶用数字命名街道十分相似。

图 23,见 46 页

图 23　北碚区

　　然而在城南端,虽然有着同样的道路形态,长向平行主路和短向次要
道路交织在一起,但其形态构成并不成功,人们心目中通常都以为这里是
规则的格网。究其原因,主路和次路虽然也存在宽度和使用上的差别,然
而许多次要街道个性鲜明,甚至比北碚的街道更具特色,相反主路则缺乏
可区别特征,比如哥伦布街就很难与特里蒙特街和肖马特街区分开来,在
采访时,人们总是把这三条街搞混。

　　被访者习惯于将规律性赋于周围的环境,除非与明显的事实相抵触,
人们一直努力将道路组成一个几何网络,而忽略其中的曲线和不垂直的
交点,比如他们总是把城南端简化成一个几何体系。尽管泽西城在佩利塞
德岩壁以下的区域中,只有一小部分道路是格网,但被访者经常把它们全
部画成是网格。他们还把整个洛杉矶中心想象成一个重复的网格,就连其
东面边界也没有变形。有几个被访者甚至坚持把波士顿迷宫般的金融区
也简化成一个棋盘!那些格网之间或是格网与非格网之间突然或是难以
觉察的转变常常使人迷惑,洛杉矶的被访者在第一街以北和圣佩德罗街
以东的区域里,就总会迷失方向。

46

边　界

　　边界是除道路以外的线性要素，它们通常是两个地区的边界，相互起侧面的参照作用。在波士顿和泽西城边界较为明显，在洛杉矶则相对较弱。那些强大的边界，不但在视觉上占统治地位，而且在形式上也连续不可穿越。波士顿的查尔斯河是最好的实例，它具有上述的全部特征。

　　前文已提到过，波士顿半岛的定义非常重要，这一点在 18 世纪时一定更为重要，那时的整个城市是一个真正意义上的半岛。从那以后海岸线不断更新变化，但半岛的意象图形得以保留至今。至少有一个变化的强化了的半岛的意象，人们对曾是一片沼泽死水的查尔斯河岸进行了认真的界定和建设。在采访中，人们非常细致地描绘河岸，每个人都记得它宽阔的开放空间、曲线道路、快速路的边界、船坞、露天音乐台和雪耳室外剧场。

图 4，见 14 页

　　半岛另一侧的水滨是著名的码头区，上面特殊的功能活动让人记忆深刻，因为许多建筑物遮挡了水面，人们对水的感觉反而并不清楚。昔日的码头已经淡出了今天的日常生活，大多数被访者都无法把查尔斯河和码头联系起来，这一方面是因为铁路站和建筑物掩盖了半岛的顶端和水面，另一方面是因为水面上的混乱，查尔斯河与迈斯蒂克河交汇入海处有无数的桥梁和码头，而且缺乏常见的滨水道路，水坝附近水位的落差也破坏了水面连续性。再往西的南部海湾，很少有人能感觉到水网的存在，也想象不到在此方向会有什么开发项目。由于半岛的边界不围合，使波士顿市民失去了对城市的完整性与合理性的完满感受。步行者不能接近中央干道，有时甚至无法穿越，它在空间上虽然形象突出，但也只是间或显现出来，被称为不连续的边界。它具备理论上的连续性，但只是在一些不连续的位置上可见，铁路线也是如此。这条中央干道尤其像是横卧在整个城市意象图上的一条巨蛇，曲折蜿蜒于城市之中，只在两端和中间一两个点上伏在地面，司机行驶在干道上感觉缺乏联系，行人对它的位置感受也模糊不清。

　　另一方面，虽然斯托罗街也被司机认为是在"外部"，但由于它沿着查尔斯河，人们仍能清楚地在图上标明它的位置。尽管查尔斯河是波士顿意象的基本边界，但说来也怪，它从北碛附近地区详尽的意象结构中孤立开来，人们对如何在两者之间穿行十分迷惑。我们可以推测，如果斯托罗街

图 7，见 17 页

没有切断横向道路底部的步行连接,是不会出现这种情况的。

同样,查尔斯河和贝肯山的关系也让人难以把握。尽管贝肯山的位置不但解释了查尔斯河为什么出现令人困惑的拐弯,并且形成了河岸的纵向视线控制点,但仍然有许多人把查尔斯街环岛看成两者之间惟一牢固的联系。如果贝肯山是直接从水面迅速升起,而不是被那些似乎与贝肯山无关的建筑密布的河滨区所遮挡,如果它能与滨河道路更紧密地联系在一起,那么它与查尔斯河之间的关系将更为清晰。

泽西城的滨水地带也有一个明确的边界,但它是一个用铁丝网围起来的无人涉足的禁区。无论是由铁路、地形变化、高速公路或是地区界线形成的边界,都是环境中十分典型的特征,有助于划分区域。而像哈肯萨克河岸的垃圾焚烧场这类令人不快的边界,人们是不愿记忆的。

我们必须认真研究边界的分隔作用。无论是居民还是旅游者,大家都会注意到波士顿的中央干道使城北端形成了明显的孤立,假如当时保留了汉诺威街和斯科雷广场的联系,这种分离的印象也许会少一些。当初假如没有拓宽剑桥街,城西端和贝肯山之间的连续性也一定能够保持下来。波士顿的铁路线更像是一道宽阔的裂缝,几乎割裂了城市,使北碛区和城南端之间,孤立形成了"被人遗忘"的三角地。

图57,见132页

尽管边界的连续性和可见性十分关键,但强大的边界也并非无法穿越。许多边界是凝聚的缝合线,而不是隔离的屏障,研究这两种作用的区别十分有趣。波士顿中央干道似乎是绝对的分隔和孤立;宽阔的剑桥大街虽然明确划分了两个区域,但又保留了两者之间视觉上的一些联系;贝肯街作为贝肯山沿中央公园一侧的可见边界,并不是屏障,而是两个主要区域清晰连系的一条接缝。贝肯山脚下查尔斯街的作用既分又合,使山下与山上的联系变得十分模糊,大街上不但交通繁忙,而且又有一些地区级服务性商店,和一些与贝肯山相关的特殊功能活动,将居民吸引过来。对于不同的人,在不同的时间,查尔斯大街模棱两可地变换扮演着线性节点、边界或道路的角色。

边界经常同时也是道路,观察者能够沿着它移动(比如在中央干道上),于是占主导地位的是其交通意象,这种元素通常被画成是道路,只是同时具有边界的特征。

在洛杉矶,费加罗大街、日落大街,以及次要一些的洛杉矶街和奥林匹克街通常都被认为是市中心商业区的边界。十分有趣的是,在这方面它们的作用甚至超过了好莱坞和港口快速路,作为道路,这两条快速路都十分重要,而且给人意象深刻,应该也能被看作是主要边界。这些快速路在意象中的消失,究其原因有二,首先,费加罗街和其它地面上的街道人们久已熟识,在概念上已成为总体道路网的一部分;再者,那些处在低处或被树林遮挡的高速路相对地位于人们视线之外,许多被访者很难在心中将疾驰的高速路与城市结构的其它部分联系起来,这和波士顿十分类似。在人们的意象中,即使横穿走过好莱坞快速路,似乎也感觉不到它的存在。高速干道可能并不是在视觉上划分一个中心区的最佳途径。

泽西城和波士顿高架铁路是所谓"空中边界"的实例。沿着波士顿华盛顿大街高架路,从下面看,它代表了明确的路线,和通往市中心的固定方向,但当它在百老汇大街附近与地面道路分离之后便失去了方向和影响力。如果有好几条这样的边界在空中盘旋交叉,就会产生很大的混乱,比如城北车站附近的高架路。尽管位于头顶,高高在上的空中边界可能并不是地面层上的边界,但它将来也许会成为城市中十分有效的导向元素。

图 24　芝加哥的沿湖地区

边界有时也可能和道路一样具有方向性，比如查尔斯河作为边界，位于两侧的水面和城市有显著的差异，而贝肯山又构成了边界端部之间的差异。不过，大多数的边界不具备这一特性。

想到芝加哥，人们无法不联想到密执安湖，如果去统计有多少芝加哥居民在画他们的城市地图时不是从绘制湖滨线开始的，一定是一件非常有趣的工作。这是一个可见边界的宏伟实例，尺度巨大，整个大都市区都展现在眼前，高楼、公园和私人海滩绵延布满了几乎所有的湖滨地带，大部分湖岸平易近人，可将湖景尽收眼底。而沿湖滨各种活动以及横向进深发展的对比和差异十分悬殊，由于沿线密集的道路和功能活动，这种结果就更加强烈。这里的尺度难免会有一些过于巨大和粗犷，就像在卢普地区，过多的开敞空间不时插入到城市和水面之间。不过，芝加哥的城市沿湖立面仍然让人过目不忘。

图 24，见 49 页

区　域

区域是观察者能够想象进入的相对大一些的城市范围，具有一些普遍的特征。人们可以在内部识别它，如果经过或向它移动时，区域偶尔也能充当外部的参照。许多被访者都发现并指出，尽管波士顿的道路形态就连熟悉它的居民都感到十分困惑，但多种多样的区域在数量和生动性方面，充分弥补了道路系统的不足。有人这么说：

> "波士顿的每一部分都各不相同，描述你所在的区域，你一定会有很多的话要说。"

泽西城也有区域，但它们一般都是不同种族和社会阶层的居住区，没有什么形式上的差别。洛杉矶除了市中心区以外，显然缺少特征鲜明的区域，其它能称得上是区域的只有斯基德罗街的线形沿街地区或称作金融区。许多洛杉矶人总是不无遗憾地提到，如果生活在有鲜明特征的地区该会享有怎样的快乐。有人说：

> "我喜欢运通大街，因为该有的都在那里，这是最重要的，其它什么都无所谓……运通大街就在那里，在附近工作的人共同拥有它，这非常美妙。"

当被问及他们认为哪个城市有良好的方向感时，人们举出了几个城市,但无一例外地都提到了纽约(指曼哈顿区),原因并不是它的方格网道路,这一点洛杉矶也有,而是因为它拥有大量界定清晰、特色鲜明的区域,沿着河流和街道的骨架有序地分布。有两位洛杉矶的被访者甚至认为曼哈顿比洛杉矶中心区还要小!尺度的概念有时会受到对一个结构的掌握程度的影响。

波士顿的一些采访表明,区域是城市意象的基本元素。比如当要求一位被访者从范纽尔大厅去交响音乐厅时,他立刻把行程归纳为从城北端走到北碴区。但即使区域没有被主动用来进行定位,它也仍然是人们城市生活体验中重要而且令人满意的部分。在波士顿,对不同区域的识别程度似乎也随着对城市了解的增加而改变,非常熟悉波士顿的人习惯于识别区域,并且会更多地依靠一些小的元素进行组织和辨向,而少数几个绝对熟悉波士顿的人则又无法把感知的细节归纳成区域,他们感觉到的是城市所有部分之间的细微差别,也就无法对元素进行区域分组。

决定区域的物质特征是其主题的连续性,它可能包括多种多样的组成部分,比如纹理、空间、形式、细部、标志、建筑形式、使用、功能、居民、维护程度、地形等等。在波士顿这样一个建筑密集的城市,相似的立面,包括相似的材料、样式、装饰、色彩、轮廓线,尤其是相似的开窗方式,都成为鉴别一个主要区域的基本线索,贝肯山和联邦大道都是如此。不但视觉元素可以成为线索,声音有时也很重要,事实上有时混乱本身也可能成为一种特征线索,就像一位妇女所说,她一旦感觉到有点迷路了,就知道自己肯定是在城北端。

通常,典型特征作为一个特征组被意象和识别,也就是主题单元。例如贝肯山的意象,就包括了狭窄陡峭的街道,古老而尺度宜人的砖砌连排住宅,维护精致的凹入式白色门廊,黑色的铁花装饰,卵石和砖铺的人行道,安静的气氛以及上流社会的行人,这样组成的主题单元与城市其它部分截然不同,能够立即被识别。在波士顿市中心的其它部分,也存在一些主题的混淆,比如经常有人将北碴和城南端混为一个地区,事实上它们的用途、地位和形式都相差甚远。这也许是因为它们的建筑形式相近,还拥有类似的历史背景。这些相似性都容易模糊城市的意象。

要创造一个强烈的意象,必须对线索进行一定的强化。现实中更常见的情况是,存在一些特别的符号,但还不足以形成充分的主题单元。因此,只有熟悉城市的人才能够识别这个区域,它缺乏视觉上的力量和影响。比如洛杉矶的小东京,除了那里的居民和招牌上的字体,与城市的其它地区

图 55,见 131 页

无法分辨,尽管可能有许多人都知道它确实是一个种族聚居区,但从表面上看,它只是城市意象中的次要部分。

话说过来,社会意义对构造区域也十分重要。在一系列的街头访谈中,许多人都暗示,不同的区域与不同的社会阶层联系在一起。泽西城的大部分是不同阶层和种族的区域,对于外来者很难分辨;在泽西城和波士顿,人们都表示出对上流社会区域的高度关注,以及对其中构成元素的重要性的赞扬。另外,即使主题单元并未与城市其它部分形成强烈对比,名称也有助于赋予区域以个性,与历史的联系也能起到相似的作用。

图57,见132页

一旦区域的主要需求得到满足,确立了与城市其它部分相对比的主题单元,特别是在那些偶然元素的出现有据可循时,其内部的相似程度就不太重要了。街角小店在贝肯山上形成的韵律,成为一位被访者心目中意象的组成部分,这些小商店非但没有削弱反而加强了她对贝肯山是非商业区的意象。被访者很可能会忽略大量与区域特征不协调的地区元素。

图25

区域有各种各样的边界,其中一些严格、明确而具体,比如北碚区与查尔斯河和公共花园的边界,所有人都清楚它确切的位置;另一些边界可能模糊不确定,比如市中心购物区和办公区的分界线,多数人不得不去验证其是否存在和大致的位置;还有一些区域根本没有边界,许多被访者认

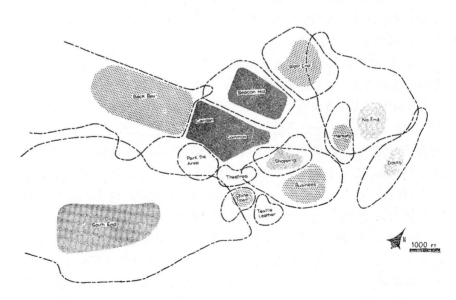

图25　波士顿的变化的边界

为城南端就是如此。图 25 以波士顿为例，勾画出了一些区域被访者指定的最大范围和公认的绝对核心区域，以此说明了这些边界特征的差异性。

图中的边界似乎还有一个次要作用，它们可以限定区域，增强其特性，但很明显它们无法构成区域。边界有可能扩大区域无序分割城市的趋势。在波士顿有少数人感觉到，大量特征鲜明的区域是使城市呈现无组织状态的原因之一，强硬的边界，阻碍了区域之间的过渡，可能给人更增添了混乱的印象。

那种围绕一个强烈核心，主题单元向外渐弱、递减的区域，并不少见。事实上，有时一个强烈的节点在更大的相似地带范围内，仅仅通过"辐射"，即接近节点的方式，也可能形成一种区域，它最初是参照范围，似乎没有可感知的内容，但仍然是有价值的组织概念。

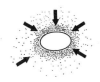

图 26

波士顿一些有名的区域在公众的意象里没有结构，比如城西端和城北端，对于许多了解它们的人来说，二者内部很难分辨。更常见的是，像市场区这样主题生动的区域，无论其内部还是外部，似乎都给人杂乱无章的印象。人们对市场交易活动的客观感受记忆犹新，范纽尔大厅和附属部分更增加了这种感受，但这一区域还是无形蔓延。中央干道将其一分为二，

图 26　市场区

参见附录 C,关于贝肯山的论述

范纽尔大厅和海玛凯特市场两个功能中心之间的激烈竞争，对区域的整体形象也存在干扰。另外,道克广场的空间混乱,与其它地区的联系不是模糊,就是被中央干道切断。因此,大多数人对市场区的意象总是摇摆不定,虽然位于波士顿半岛的端头,但它并没有像南边远处的中央公园一样,起到潜在的连接作用。这个区域尽管与众不同,但也只能是一个混乱的边缘地带。相反贝肯山却结构清晰,内部有次一级的分区,有路易斯堡广场作为节点,还有各种标志物和成形的道路结构。

图 27

另外,有一些区域是内向的,只是自身存在,很少与外部城市发生联系,比如波士顿的城北端和中国城;还有一些区域是外向的,向外与周围的元素联接在一起。尽管中央公园内部道路混乱不堪,但它显然与相邻地区都关系密切。洛杉矶的邦克山是一个有趣的实例,它特征鲜明,历史悠久,地形特点强烈,甚至比贝肯山还要靠近市中心,但是城市包围了这个元素,办公大楼掩盖了它的地形边界,切断了与它的道路联系,使它实际上从城市意象中弱化甚至消失,这是一个改变城市景观的惊人的实例。

有的区域单独孤立存在,泽西城、洛杉矶的区域事实上都是这种类型,波士顿的城南端也是这样。而有一些区域则可能联接在一起,比如洛杉矶的小东京区和市中心区,还有波士顿的城西端到贝肯山一带。波士顿市中心的北碚区、中央公园、贝肯山、商业购物区、金融区和市场区,关系密切,充分连接形成了一幅由各色区域组成的连续拼贴画。无论从哪儿进

图 27　邦克山

入这些区域,都处在一个可以识别的地区。每个区域的相似与对比,又进一步增加了每个区域主题的强度,例如贝肯山的特征因靠近斯科雷广场和市中心商业购物区,而显得更加突出。

节 点

节点是观察者可以进入的战略性焦点,典型的如道路连接点或某些特征的集中点。尽管从概念上节点是城市意象中很小的点,但事实上它可能是很大的广场,或是也可能呈稍微延伸的线条状。从更广阔的层面上观察城市时,它甚至可以是整个市中心区。事实上,当我们从整个国家或国际范围来考虑我们的环境时,整个城市自身也可以被看作是一个节点。

连接点或是交通线的中断处,不容置疑地对城市的观察者有一定的重要性,因为人们必须在此作出抉择。他们在此会集中自己的注意力,对连接点附近的元素了解得更加清楚。大量事实也不断证明,位于连接点的元素由于其位置的特殊性,自然而然地被假设具有了特别的重要性。地点在感知方面的重要性也通过另一途经显示出来,当被问及在日常行程中,从哪里起会感觉到是进入了波士顿市中心,许多人都标出一些关键的交通枢纽点作为答案。大多数情况下,这个点是从高速公路(如斯托罗街或中央干道)进入城市道路的衔接点,还有一个点是铁路进入波士顿的第一站,即北碚车站,尽管被访者并没有在此下车,在此他们仍然会有进入城市的感觉。泽西城的居民认为一旦驶出托内尔街环岛,就算是离开了该城市。从一种道路向另一种道路的转换,似乎也标志着主要结构单元之间的转换。

波士顿的斯科雷广场,查尔斯街环岛和南站都是鲜明的连接节点。查尔斯街环岛和斯科雷广场还非常重要,因为它们都是从侧面环绕贝肯山的交通换乘点。查尔斯大街环岛本身并不是一个宜人的场所,但它清楚地表达了河流、桥梁、斯托罗快速路、查尔斯大街和剑桥街之间的转换。另外,在此还可以清晰地看见河滨的开敞空间,架空的车站,山边的火车进进出出等等繁忙的交通景象。即使节点的物质形式无形且模糊,它也可能具有十分重要的地位,比如泽西城的乔纳尔广场。

地铁线路系统虽然看不见,但沿线连成一串的地铁车站也是战略性的连接节点,其中的帕克大街、查尔斯大街、考普利广场和南站在波士顿地图中都非常重要,有几个被访者甚至能够围绕这些节点组织城市的其

图 28,见 56 页

图 11,见 21 页

余部分，大多数重要的地铁车站都与上面的一些重要地面特征相关联。其它的如马萨诸塞站则并不突出，可能因为这些被访者都很少使用这个特定的车站，也可能由于它周围的物质环境不讨人喜欢，缺乏视觉兴趣点，而且街道交叉点与地铁站节点没有什么联系。车站自身也具有许多个性特征，有些容易识别，比如查尔斯大街车站；还有一些则很难辨认，比如米坎内克街车站。大部分车站很少与其地面特征有结构性的联系，有一些近乎混乱，比如华盛顿街的上层站台完全没有方向性。细致地分析地铁系统或整个交通系统的可意象性，是一件有价值而且令人入迷的工作。

图29，见57页

城市内主要的火车站，虽然其重要性可能正在减弱，但它几乎一直是重要的城市节点。波士顿的南站是城市中最强烈的节点之一，它对上下班、乘坐地铁和使用市际间公交道路的市民起着重要的功能作用，同时它在杜威广场的开放空间中占据了巨大的立面体量，在视觉上给人留下深刻的印象。如果我们的研究领域包括机场，那么情况可能也是这样。在理论上，即使普通街道的交叉点也是节点，但一般情况下它们在意象里还并不突出，只能将它看作偶然的街道交叉口，我们的意象中不能承载过多的

　　　　　　　　　　　　　　　　　图28　查尔斯街环岛

节点中心。

　　另一种主题集中的节点也经常出现。洛杉矶的珀欣广场是一个突出 图17,见28页
的例子,其中非常有代表性的空间、植物和活动,构成了可能是城市意象
中最鲜明的节点。波士顿有好多这类的节点,诸如奥尔维拉大街和与之相
连的广场,乔丹—菲莱纳转弯和路易斯堡广场。乔丹—菲莱纳转弯是华盛
顿街和萨默街之间另一个重要的连接点,同时还与地铁站相连,不过它首 图30,见58页
先被看作是市中心的中心,是百分之百的商业区缩影,这在美国的其它大
都市都极少看见,但在文化上美国人又感到十分熟悉。它是一个核心,一
个重要地区的焦点和象征。

　　路易斯堡广场是另一个主题集中的节点,一个著名、安静的居住区开 图59,见134页
放空间,和旁边极易识别的有护栏的公园,使人很容易联想到贝肯山的社
会上流阶层。和乔丹—菲莱纳转弯相比,它是一个更纯粹的主题集中的节
点,因为它根本不是转换点,而在记忆中只是贝肯山内部的一个地方,它
作为节点的重要性超过其所有的功能部分。

图 29　地铁站

节点既是连接点也是聚集点,比如泽西城的乔纳尔广场,既是巴士汽车的中转站,又集中了许多商店。主题的集中也能成为一个地区的中心,比如乔丹—菲莱纳转弯,路易斯堡广场可能也是如此。另一些虽不是中心,但是独立而且特别,也成了集中点,比如洛杉矶的奥尔维拉广场。

强大的物质形式对识别一个节点并非绝对必要,乔纳尔广场和斯科雷广场就是证明。然而一旦空间有了形态,其带给人的印象就会更加深刻,更加难忘。如果斯科雷广场具有与其功能重要性相称的空间形式,它无疑会成为波士顿的一个重要意象特征。然而以目前的形式,它无法让人记住,相反甚至成为破烂不堪的代名词。在30位被访者中有7人知道广场中包含一个地铁站,此外对它没有任何相同的看法。显然,斯科雷广场

图 60 和图61,
见 137 页和 139 页

图30 华盛顿街和萨默街

没有给人留下视觉印象，它与各条道路的联系，是其功能的重要性所在，但人们对它的了解也少得可怜。

相反，像考普利广场这样的节点，功能虽不太重要，而且无意中与亨廷顿大街斜交，但它形成的意象鲜明，与其它道路的联系也很清晰。只要通过其独特的单体建筑，比如公共图书馆、三一教堂、考普利广场饭店以及约翰·汉考克大厦，就能轻易地识别它。这里聚集的是各种活动场所，和一些特色各异的建筑，而空间的整体性已不太重要。

像考普利广场、路易斯堡广场和奥尔维拉街这样的节点具有明确的边界，距离很近也能清晰地辨认。另一些节点，比如乔丹—菲莱纳转弯，仅仅是一些最明显的特征，找不到明确的起点和终点。无论如何，成功的节点不但在某些方面独一无二，同时也是周围环境特征的浓缩。

节点如同区域，有外向和内向之分。斯科雷广场是内向的，当人们位于其中或在它的周边时，几乎没有方向感，在它附近时只有靠近和远离它两个方向。到达节点时，基本的感受只是简单的"我到了"。相反，波士顿的

图31　威尼斯圣马可广场

59

杜威广场则是外向的，它不但表达了大致的方向，而且与办公区、商业区和滨水区连接清晰。一位被访者认为在杜威广场，南站就像一个巨大的箭头直指市中心，接近这种节点似乎也是来自特定的方向。珀欣广场也有类似的方向性，主要是因为比尔特摩旅馆的存在，但广场在路网中的确切位置仍然很难确定。

意大利的著名节点，威尼斯圣马可广场，是将许多的这类特征综合在一起的实例，广场具有高度的个性，丰富多彩而又错综复杂，与城市的总体特征以及附近狭窄曲折的道路空间都形成了鲜明的对比。但它又与城市的主要特征——大运河紧密连系，而且广场在形状上具有方向性，人们进入其中能够清晰辨向。广场内部也具有高度的个性和组织，共由两部分空间组成（Piazza／Piazzetta），还有许多各具特色的标志物（主教堂，Palaz-zo Ducale，钟楼，Libreria）。置身其中，感受它与周围环境清晰的关联，人们能够精确地进行定位。这个空间是如此特殊，以至于许多从未到过威尼斯的人也能一眼认出它的照片。

图 31，见 59 页

标志物

标志物是观察者的外部观察参考点，有可能是在尺度上变化多端的简单物质元素。似乎存在一种趋势，越是熟悉城市的人越要依赖于标志物系统作为向导，在先前使用连续性的地方，人们开始欣赏独特性和特殊性。

由于标志物是从一大堆可能元素中挑选出来的，因此其关键的物质特征具有单一性，在某些方面具有惟一性，或是在整个环境中令人难忘。如果标志物有清晰的形式，要么与背景形成对比，要么占据突出的空间位置，它就会更容易被识别，被当作重要事物。图底对比似乎是最主要的因素，衬托一个元素的背景并不局限于其邻近的周围环境，波士顿范纽尔大厅的蚱蜢形风向标、州议会的金色穹窿，以及洛杉矶市政厅的尖顶，对整个城市背景来说都是独一无二的。

在另一方面，被访者挑选标志物还可能会因为它在肮脏的环境中显得非常整洁（比如波士顿的基督教科学教堂），或是在古老城市中显得十分新潮（比如阿奇街的小教堂）。泽西城医疗中心的巨大规模，和它很小的草坪和花园一样闻名。洛杉矶市中心的老档案馆是一栋拥挤肮脏的建筑，与市中心其它建筑方向呈一定的夹角，有着比例完全不同的开窗方式和细部处理。尽管它的功能和象征性已不太重要,但它与周围建筑在位置、年代和尺度上的对比,形成了一个相当容易被识别的意象,让人时喜时忧。有好几次它都被认为是"饼状"的建筑,而事实上它是一个标准的矩形,这显然是因为它与周围建筑不平行的布局而引起的错觉。

使元素成为标志物,空间所起的作用重大。通常有两种方式,其一,使元素在许多地点都能够被看到(比如波士顿的汉考克大厦、洛杉矶的里奇菲尔德石油大厦);其二,是通过与邻近元素退让或高度等的变化,建立起局部的对比。洛杉矶第七街和弗劳尔街的转角处有一幢古老的两层灰色木构建筑,退后建筑红线大约 10 英尺,里面是几家小店。它因此令人惊讶地吸引了许多人的关注和喜爱,有人甚至拟人地称它为"灰姑娘"。这种空间的退让和宜人的尺度,与其它占满沿街立面高楼的巨大体量形成对比,引人注目而且令人愉快。

位于需要作出选择的道路连接点的标志物,其意象也可以因此得到加强,比如波士顿鲍德温广场的电报大楼用来向人们指示剑桥街的位

图 32

图 32　第七大街的"灰姑娘"

61

置。与某个元素相关的功能活动也能使其成为标志物,其中一个特殊的例子就是洛杉矶的交响音乐厅。它与意象中完全相反,位于平淡的出租建筑的一角,标牌上也仅有"浸礼会教堂"的字样,陌生人绝对发现不了。它能够成为标志物,似乎源于从其文化地位和物质隐蔽性之间感受到的对比和困惑。与历史的关联,或是别的意蕴,对标志物也能产生有力的强化作用,比如波士顿的范纽尔大厅和州议会大厦。一旦某个物体拥有了一段历史、一个符号或某种意蕴,那它作为标志物的地位也将得到提升。

距离很远的标志物,以及从许多地方均能看到的显著点,通常是众所周知的,但似乎只有那些不熟悉波士顿的人,才会在很大程度上利用它来组织城市结构,选择行程。只有初来乍到的人才会将汉考克大厦和海关大楼作为导向的参照点。

很少有人清楚知道远处标志性建筑物的确切位置,以及如何才能到达它的领地。事实上,大多数波士顿的标志物都"没有根基",它们有一种特别的浮动特性。约翰·汉考克大厦、海关大楼和法院大楼的天际线都很突出,但它们的位置和基底环境的个性,绝对没有它们的顶部那么重要。

图 58,见133 页

波士顿州议会的穹顶是这种难以把握"根基"的标志物中的少有例外,它独特的形式和功能,位于山顶、面向中央公园的选址,耀眼的金色穹窿,都使它成为波士顿市中心区的重要标志,在各个层面上均具有令人满意的可识别特征,同时实现了象征性和视觉重要性的统一。

人们使用远处的标志物仅仅是为了确定大方向,更多是一种象征性的方式。对某个被访者,因为在大西洋街的任何一处都能看到海关,所以在他眼中,海关和大西洋街成为一个整体;而对于另一个被访者,因为从金融区中的许多地方间或都能看到海关大楼,它成为在区域内建立起的一种节奏。

图 33,见 63 页

佛罗伦萨主教堂的穹顶是远处标志物的重要实例,无论距离远近、白天或夜晚都不容置疑它突出的尺度和轮廓,既与城市历史紧密相联,又恰好是宗教和交通的中心,通过穹顶和钟楼的相对位置,人们可以从远处判断方位。很难想象这座城市如果没有这样一个伟大的建筑将会怎样。

不过在这三个城市中,更常见的仍是那些只能在有限范围内看到的区域性标志物,它们遍及所有的地方。成为标志物的地方元素的数量,不仅取决于观察者对周围环境的熟悉程度,也依赖元素自身的条件。对环境不熟悉的被访者在室内访谈中,通常只能提到几个标志物,但如果是在实地行程中,一定又能试图找到更多的标志物。声音和气味虽然不能形成标

图 33　佛罗伦萨主教堂

志物,但它们有时可以强化有形标志物的意象。

标志物有可能孤立存在,就是没有其它辅助因素的单一事物。除非体量巨大或是非常独特,这种标志的参照作用一般比较模糊,常常被错过,需要仔细寻找,比如人们要集中精力去寻找单个交通信号灯或是街道名称。更多的情况下,人们记忆中的是区域的一组节点,它们之间通过重复而相互强化,并根据前后关系进行识别。

有一系列连续的标志物存在,每个细节都会让人联想到下一个,关键的细部又激起观察者特别的感动,这看起来似乎是人们在城市中穿行的标准方式。在此过程中,当需要作出转向抉择时出现触发信号,而对于已经作过的决定还有进一步证实的安全信号,附加的细节经常能有助于让人们感觉到正在接近终点或是某个中间目标。为了获得情绪上的安全感和功能上的有效性,这种序列必须充分连续,虽然节点处的细节会比较密集,但整体上没有长的间隔。它有助于人们进行识别和记忆,熟悉环境的观察者在熟悉的序列中可能积累大量点的意象,当然如果序列被倒转或被打乱,其可识别性也可能被破坏。

元素的相互关系

上述的这些元素仅仅是在城市尺度中环境意象的素材，它们只有共同构成图形时才能提供一个令人满意的形式。前面的讨论已经涉及了成组的同类元素，比如道路网、标志物群和散布的区域等，按道理下一步我们应该考虑不同元素组之间的相互影响。

不同元素组之间可能会互相强化，互相呼应，从而提高各自的影响力；也可能相互矛盾，甚至相互破坏。一个巨大的标志物会使它基底所在的地区相行见绌，失去尺度。如果标志物的位置恰当，它能确定并加强一个核心的地位；而如果它的布局发生偏离，容易造成误解，就像波士顿汉考克大厦与考普利广场的关系一样。一条宽阔的街道，其作为边界和道路的特征都很模糊，两侧互相渗透，在向人们展示区域的同时，也导致了该地区的分裂。标志物的特征可能会与一个区域的特征不一致，从而破坏区域的连续性，反之，它又可能加强这种连续性。

区域的情况比较特殊，它在尺度上比其它元素大，而且能够包含其它的元素，因此与各种不同的道路、节点和标志物产生联系。别的元素不仅在内部构成了区域，而且丰富、深化了区域的特征，加强了地区的整体个性，波士顿的贝肯山就是这样的例子。当观察者一级级地向上走时，结构和个性的组成部分(也是在意象中令人感兴趣的部分)似乎也交替出现。一扇窗户的个性可以组织到窗户的构图中去，成为识别一幢建筑的线索；建筑之间相互关连，从而形成了可识别的空间；依此类推。

在许多个体的意象中，道路占据了主导地位，它成为人们在大都市范围进行意象组织的主要手段，与城市中其它元素类型的关系都十分密切。连接节点自然出现在主要的道路交叉点和交通终点处，以其形式加深了人们在行程中关键时刻的意象；接下来，这些节点意象又因标志物的存在得到加强(比如考普利广场)，同时还为保证这些标志物受到关注提供了一个环境；再进一步，道路所获得的个性和速度，不单单是因为其自身的形式或节点的连接，而且道路穿行的区域、经过的边界和沿路的标志物也在其中起到重要作用。

在城市肌理中，所有的元素都共同作用，研究各种成对出现的不同类元素的特征，比如标志物与区域，节点与道路等等，一定会十分有趣。总之，人们将设法超越这些成对的关系来考虑意象的整体形态。

大多数观察者似乎都把他们意象中的元素归类组成一种中间的组织，可以称之为复合体，观察者将这种各部分相互依存、相互约束的复合体作为一个整体来感知。因此，许多波士顿人能把北碚、中央公园、贝肯山和中心商业区的大部分主要元素组成为一个单独的复合体。根据第一章布朗(8)实验中的定义，这一地区整个就成为了一个地点。别的地点的规模可能要小得多，比如仅仅是中心购物区靠近中央公园边沿的地带。在这个复合体的外围存在特征的中断，即使只是暂时的，在到下一个复合体之前，观察者仍然会茫然失措。波士顿华盛顿街上的办公区、金融区和中心购物区虽然在物质形态上紧密相连，可大多数人仍然感觉它们之间的联系模糊。另一个疏远的例证是在斯科雷广场和道克广场，两者虽然仅相隔一个街区，也存在这种令人困惑的意象裂缝。两个地点之间的心理距离，似乎比单纯的物质分隔距离更远，更难以超越。

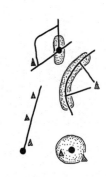

在调查的最初阶段，我们有必要专注于局部而非整体，经过对各部分进行成功的区分和理解之后，我们才能进而转向对整个系统的思考。研究表明，意象是一个连续的领域，某个元素发生的一定变化会影响到其它所有的元素。即使是识别一个物体，其所处的环境与其自身形状所起的作用都一样重要。中央公园形状的扭转，导致整个波士顿的意象中似乎都反映出这一主要的变形。大规模建设带来的干扰将远远超出其相邻的环境，可惜还没有人对此影响进行过专门研究。

变化的意象

整体环境具有的并不是一个简单综合的意象，而是或多或少相互重叠、相互关联的一组意象。它们通常依据所涉及范围的尺度，大致分为几个层次，使得观察者在迁移过程中，能够按照需求从街道层面的意象转入到社区层面、城市层面、乃至大都市区域层面中去。

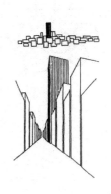

在一个大而复杂的环境中，这种分层的方法十分必要。不过，在各个层面之间缺乏联系时，它也给观察者的意象组织增加了额外的负担。举例来说，一幢高楼在城市范围的全景中可能十分显眼，但其底层部分却很难识别，于是这两个不同层面的意象就无法被组织在一起。然而也有相反的例子，贝肯山上的州议会大厦，则似乎是穿越了好几个意象层面，最终在中心区的组织上具有战略性的地位。

意象不仅因为所涉及的范围尺度的不同而不同，同时也取决于视点、时间和季节的变化。从市场区看到的范纽尔大厅，应该能够与从中央干道上的汽车里所形成的意象产生一定联系；夜色中的华盛顿街和白天的景象应该有一些共同不变的元素，形成一定的连续性。观察者为了取得这种连续性，往往不顾感觉上的困惑，排除对视觉内容的意象，而只是使用诸如"餐馆"、"第二街"等一些抽象概念，这些概念无论白天还是黑夜，开车还是走路，晴天还是下雨，都可以使用，只是要付出更多的精力和代价。

观察者也必须根据周围物质环境的变化不断调整自己的意象。在洛杉矶的调查表明，物质环境不断变化时形成的意象，会引起实践过程和心理上的紧张情绪。因此，我们非常有必要去了解如何在这些变化中维持一定的连续性，不但在组织的不同层面上需要保持连续性，而且在某个主要变化的过程中也要有连续性。保留一棵古树、一条旧巷，或是其它一些区域特征，都会有助于形成这种连续性。

人们勾画地图的先后顺序能够表明，意象是以不同的方式发生、发展的，这也许与个体最初熟悉环境时使用的方法有关。显而易见的有下面几种类型：

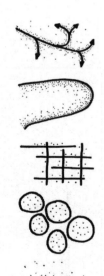

1. 最常见的是，意象沿着熟悉出行路线的方向发展，然后向四周发散。因此这种地图的画法可能是从一个入口开始的分叉图形，或是从某条街道开始，比如在波士顿以马萨诸塞街为基线画起。

2. 有一些地图先是画一个封闭的轮廓线，比如波士顿半岛，然后向中心填充。

3. 还有一些，尤其是在洛杉矶比较常见，先是画出一个基本的重复图形，也就是道路网格，然后再在其中添加细部。

4. 少数一些人先是画出一系列邻近的区域，然后再详细绘出它们的相互联系和内部结构。

5. 在波士顿有几个被访者是从一个熟悉的核心区或是一个复杂熟识的元素开始画起，其它任何事物都能与之发生联系。

意象自身并不是将现实按比例缩小、统一抽象、精确微缩后的一个模型，而是有目的的简单化，通过对现状进行删减、排除、甚至是附加元素，融汇变通，将各部分关联、组织在一起，才形成最终的意象。有目的地将其重新排列、变形，也许不合逻辑，但这可能会更充分、更好地形成需要的意象，这与著名的卡通片"纽约人眼中的美国"十分类似。

但是无论怎样变形，现状地形仍然是一个强烈的不变元素。就像在无

限柔软的橡胶纸上画的地图,虽然方向扭曲,距离或长或短,与实际精确有比例的投影相差很大,无法立即辨认,但其顺序通常是正确的,在地图中并没有将现状打散重组。如果说意象具有某些意义的话,那么这种有序的一致性是必要的。

意象特性

对波士顿个体意象的研究表明,它们之间也存在着一定的差异。比如对一个元素,由于观察者相对"度"的不同,也就是他们对元素细节涉及程度的不同,意象也不尽相同。比如纽伯利街,如果认清沿路的每一幢建筑,其意象可能会显得相对丰富一些;如果仅把它看成一条两侧是老房子且功能复杂的街道,意象就会弱一些。

具体而且感觉生动的意象与那些高度抽象、概括、缺乏感觉内容的意象之间,也存在差别。因此一幢建筑留在心中的印象可能生动、具体,包括它的形状、颜色、纹理和细部;也可能会相对抽象一些,将其定义为"饭馆"或是"街角过来的第三幢建筑"。

生动并不等于丰富,稀疏也并不等于抽象。意象有可能既丰富又抽象,就像是出租汽车调度员,他们对城市街道的认识,是记忆中一个街区又一个街区的房屋门牌号码,而很少有对那些建筑物具体感觉上的描述。

可以通过意象的结构特性,也就是各部分布局、联系的方式,对意象进行进一步的区分。在意象组织精度增长的连续统一体中存在四个阶段:

1. 各个元素独立自由存在,各部分之间没有组织和相互联系。我们无法找到完全符合此条件的例子,但的确存在大量的分歧和许多不相关的元素,形成一些不连贯的意象。在这种情况下如果没有外界的帮助,任何理性的运动都不可能,除非求助于整个地区的系统化,意即在现状上建立起新的结构。

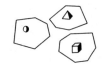

2. 结构在意象中占据了一定地位,各部分之间根据大致的方向,甚或是相对的距离发生一些粗浅的关联,但总体上仍然缺乏联系。比如有一个被访者总是把自己和几个元素联系起来,却又并不知道它们之间的确切联系。出行中总是在不断地寻找,朝着一个大致正确的方向,前前后后都走一段,通过估计距离以防止走过

头。

3. 也许在大多数情况下结构是灵活的，各部分之间以松散可变的方式相关联，连系松散而有弹性。事物的次序是客观存在的，但在意象中则可能会出现很大的出入，而且随时间变化而变化。在这我们引用一位被访者的话，"我喜欢考虑一些节点，并琢磨如何从一点到达另一点，而其余的节点我就不必知道了"。有了灵活的结构，沿着已知的道路和序列，出行因此变得更加容易。不过在那些通常没有联系的元素之间，或是沿着不熟悉的道路迁移，可能仍会令人困惑。

4. 随着联系的不断增加，结构也就变得有了刚性，各个部分在各个方向上都有紧密的联系，所有的变化都发生在内部。拥有这样的意象地图，人们可以更加自由地移动，还可以随意联系新的点。在意象逐渐丰富、浓厚的过程中，便产生了整个区域的特征，其中的任何方向、任何距离的元素之间都可能存在相互的作用。

这些结构的特征可以以不同的方式适用于不同的层面。比如两个城市地区，各自均拥有内部的刚性结构，二者在某条边界或某点连接起来，但这个连接可能并没有与各自内部的组织结合，因此连接本身简单而可变。斯科雷广场似乎就给许多波士顿人留下了这种印象。

整体结构还可以用不同的方式加以区分。某些人可以迅速形成一系列由全面到具体的整体和部分组成的意象，这种组织方式具有静态地图的特性。它们的联系可以上至必要的普遍性，下到与某特定事物。假如要从市立医院到老北方教堂，有人首先会想到医院在城南端，而城南端位于波士顿中心，然后确定教堂在城北端以及城北端的方位。这种意象类型可以被称作是分级意象。

还有的意象是以更为动态的方式组织在一起的，各部分之间通过一定的时间顺序（即使时间很短）相互连接，其结果就像是通过摄像机拍摄的录像，与在城市中穿行的真实体验更为相似。这可以称作是一个连续的结构，运用的是相互关系的展现，而不是静态的分级。

人们因此可以推论，最有价值的意象是那些最接近其强大整体环境的意象，它们丰富、确凿而且生动；它们利用了所有的元素类型和形态特征，但并没有局限；它们在必要时，既能用分级的方式，又能用连续的方式组织在一起。当然我们也许会发现，这种意象很稀少甚至不可能存在，相反存在无法超越自身基本能力的强大个体或文化类型。既然如此,环境应该适应其相应的文化类型, 或者说应该想尽办法满足生活于其中的人们的各种需求。

我们一直在努力试图组织我们周围的环境,理清它们的结构,识别它们的特性,各种各样的环境也都或多或少地,受到这种加工的影响。在重建城市的过程中时,我们应该有可能赋予城市一种适宜的形态,使其有助于城市的意象组织,而不是更加尴尬。

第4章
城 市 形 态

　　我们完全有可能把新建的城市构造成一种可意象的景观,清晰、连贯而且有条理,这同时也需要城市居民能够持一种全新的态度,对用地进行物质形态改造,在时间和空间层次上将它们组织在一起,使它引人注目,成为城市生活的标志。在这一方面,我们当前的研究提供了一些线索。

　　我们日常习惯于称赞的美丽的物体通常用途都是单一的,比如一幅画或是一棵树,要么是经过长时间的发展,要么是一种愿望的印象,在那些精美细节与整体结构之间存在一种密切、可见的联系。然而城市的结构用途复杂、千变万化,且功能繁多,是由许许多多辈人,以相当长的速度建成的。期望城市完全的专业化,或是结构彻底的互相啮合,都是不切实际也不合乎需要的。城市的形态应该并不十分明确,针对居民的愿望和理解力应该具有一定的可塑性。

　　当然,城市形态首先必须具有它应该表达的最根本功能,即交通、主要用地划分和关键的焦点,普通人的愿望、欢乐和社区的感觉在此都能够表现得有声有色。更重要的是,如果环境组织清晰,个性鲜明,那么市民就能够向它传达自己理解的含义和联系,这里因此才能成为一处真正的场所,显而易见而且绝对无误。

　　举一个简单的例子,佛罗伦萨是一个拥有强烈特征的城市,深得许多人的喜爱。尽管许多外国人对它的第一反应可能是冰冷或是难以亲近,但无法否认它给人留下的印象特别而强烈。如果居住在这样的城市环境中,无论遇到什么样的经济或社会问题,无论是高兴、忧郁或是产生归属的感觉体验,似乎都能够达到一种特别的深度。

　　城市在不断发展,其经济、文化、政治的历史也在不断地交错变化,正是这些过去的形象,作为见证,造就了佛罗伦萨的鲜明特色。当然,它仍是一个结构十分清晰的城市,沿着阿尔诺河,佛罗伦萨坐落在一个山坳里,城市和山体始终互相呼应。在南部,开阔的乡村几乎渗入到城市的中心,形成了强烈的对比,从最近一处的陡峭山崖看去,市中心仿佛是"在天上";北面几个颇具特色的小村庄,比如 Fiesole 和 Settignano,位于生动的山丘上非常显眼。巍然耸立的主教堂穹顶,侧面与 Giotto 钟楼相连,成为整个城市明确的标志物和交通中心,在城中的任何地方都可以用它来定位,在城外很远处都能看得见它,这个穹顶就是佛罗伦萨的象征。

　　狭窄的石砌甬道,大块石材和灰泥粉饰的暗黄色房屋,百叶窗和铁花栏杆,深凹的入口,以及顶部深挑的佛罗伦萨式独有的房檐,城市中心区的这些地方特色具有几乎压倒一切的力量。还有许多鲜明的节点,因为功能的特殊或是使用者的变化,其独特的形态得到强化。市中心区到处都是标志物,每一个都有自己的名称和故事,阿尔诺河从中间穿过,与更大范

图 34

图 33,见 63 页

图 34　从南方看佛罗伦萨

围的城市连接在一起。

　　无论是由于悠久的历史还是自身的体验，人们对这种清晰独特的形态渐渐产生了强烈的依恋，每一处景象都清晰可辨，引起人们潮水般的联想。将它们一块块地拼在一起，视觉环境就成为居民生活中一个重要的部分。即使是在可意象性这有限的一点上，城市也不可能绝对完美，而且也不是所有城市形象的成功范例都缘于这一种特性。但似乎正是依赖城市的景观，或是在城中街道漫步的机会，让人很容易不由自主地感到高兴，这是一种满足、沉着、踏实的感觉。

　　佛罗伦萨是一个不同寻常的城市，事实上，即使纵观全世界，这种特征鲜明的城市仍然相当少。可意象的村庄或是城市区域众多，但能够呈现出一种连贯的强烈意象的城市在全世界恐怕也不超过二三十个。就是这些城市，也没有一个占地超过几平方英里。虽然大都市区的存在已经并不罕见，但世界上还没有一个大都市区能拥有一些强烈的形象特征和鲜明的结构，所有著名的城市都苦恼于周边地区的千篇一律、毫无个性的蔓延。

　　那么也许有人会问，是否真正可能存在一个具有连贯的可意象性特征的大都市（或者只是一个城市）？如果存在的话，能否会得到人们的喜爱？由于缺少实例，我们的讨论大部分只好依靠一些假设和对过去事件的推测。人们在遇到一个新的挑战之前或之后，已经拓展了他们感知的范围，不必再去追究事情为什么不能重复发生。现状的高速公路系统使这种新兴的大规模城市组织方式成为可能。

　　我们还可以引证一些城市景观之外的大尺度视觉形态实例。大多数人都能够回忆起几种自己喜欢的特殊场景，在生活环境中我们就在努力创造这些鲜明的结构和形状。佛罗伦萨南部通往 Poggibonsi 的路上，周围是绵延起伏的地势，变化多端的河谷、山脊和小丘陵，贯穿其中的是一个十分普通的水系。东边和南边是亚平宁半岛的边界线，远处是一望无际的田野，密密地种植着各种各样的作物，小麦、橄榄、葡萄，由于各自独特的色彩和形态，农作物清晰可辨，每一处山坳里都映出层层的梯田、作物和田垄，每一个小山包上都有一些小的村落、教堂、钟楼，于是人们可以说："这儿是我的村庄，那儿是谁谁的。"在自然特征的地理结构引导下，人们对自身的行为进行了精致而显著的调整，整体是一个景观，而每个部分同时也能够与周围区分开来。

　　桑德威奇、新罕布什尔可能是另外一种范例，Merrimac 和 Piscataqua

的上游河水从白山山脉汹涌而下，树木繁茂的山体与下面耕耘了一些的起伏田野形成了鲜明的对比。南部的奥西佩山脉是最后一个独立的上冲断层，其中几个山峰，比如 Chocorua 山峰，形态十分独特。那些"丘陵间低地"给人留下的印象最为强烈，山脚下平坦的台地十分空旷，给人一种奇怪而强烈的特殊"空间"感受，完全能够比得上佛罗伦萨城的强烈场所感。一旦所有的低地都被开垦耕种，整体景观必然会形成这种特征。

夏威夷是一个非常特殊的例子，陡峭的山脉、重彩的岩石和巨大的悬崖，独特而丰富的植被，与大海和陆地形成鲜明的对比，从岛屿的一端到另一端，一切都发生着戏剧性的转变。

这些当然都是我个人举出的实例，读者也可以给出自己的例子来。它们有可能是伟大的自然作品，而更多时候，就像意大利的图斯卡纳，它是人们在持续地壳运动形成的基本结构上，利用普通的技术，根据共同的愿望，对自然进行改造的产物。一个成功的改造，应该照顾到相互之间的联系，而对于个体则既要尊重自然资源，又要考虑到人们的使用。

城市是人创造的，城市给人最精彩的感觉应该是"起源于艺术，发展于需求"。主动调整环境，区分和组织感官所感知到的事物，是人类亘古以来的习惯，生存和统治都需要基于这种感觉上的适应性。接下来我们进而要讨论相互作用的另一个范畴，即在我们通常的生活领域内，使环境与人类的感知形态和抽象过程互相适应。

设计线路

提高城市环境的可意象性就是使它在形象上更易于识别和组织，上文归纳的元素——道路、边界、标志物、节点和区域，是在城市尺度内创造坚实、独特结构的组成实体。对于这些元素在一个真正的可意象环境中可能具有的特征，我们从前文的论述中能够获得什么启示呢？

道路，组成了城市综合体中最常见、最可能的运动线路网络，是城市整体赖以组织的最有效手段。主要道路必然具有一些特殊的品质，比如沿线一些特殊使用和功能活动的集聚，某些典型的空间特征，地面或墙面特殊的质感，特别的布光方式，与众不同的气味或声响，以及植被的样式和细部，这些都能够使它与周围的道路区分开来。华盛顿街的闻名可能是由于它密集的商业和狭窄的街道空间，联邦大道则是因为其中树木繁茂的绿化带。

这些特征同时赋予道路以连续性，假如沿路不间断地具有上述一种以上的特征，那么这条路就可能被意象成一个连续的统一体。其特征可能是林荫道成排的树木，人行道特殊的色彩或纹理，也可能是沿街建筑立面统一的古典式样。这种规律还可能有一定的节奏性，比如不断出现的开敞空间、历史建筑或街角的杂货店。即使是沿街日常拥挤的交通，或是一条经过的公交线路，都会加强这种熟悉意象的连续性。

主要街道在感觉上的与众不同，进而统一成为连续的感知元素，这类似于我们熟悉的功能层次，可以将其称作街道的视觉层次。这也就是城市意象的骨架。

交通线路应该有清晰的方向性。如果遇到连续不断的转折，或是模棱两可的渐变弧线，以至于最终形成主要方向的逆转，会严重干扰人类的大脑意识。威尼斯蜿蜒的 calli，奥姆斯特德的浪漫主义规划方案中的道路，以及波士顿亚特兰大街不易察觉的转折，除非是那些适应性很强的观察者，几乎所有人都在此感到迷惑。直线的方向性最为清晰，不过如果道路只有少数几个明确的接近 90 度的转弯，或是有许多细微的偏转但基本方向不变，也能够形成清晰的方向感。

观察者常用目的地来定义道路，似乎都赋予道路一种指向性，或者称作不可逆转的方向性。事实上要使一条街道被感知成通往某地的一个元素，需要感觉上强烈的目的地和地势或方向上的变化，由此才能带来行进的感觉，也就是说在相反方向上会截然不同。最常见的就是斜坡地，人们可以被告知是"走上"或"走下"某条街道，当然还可能有别的特征。越来越密集的招牌、店铺和人群，可能还有植物形态或色彩的渐变，都提醒你正在逐渐靠近一个商业中心；街区长度的缩短或是漏斗形空间的出现，或许还有不对称的形式，也都可能意味着已接近市中心。事实上，人们前进中可能会遵循"让公园一直在自己的左手边"，或是"朝着金色穹顶走"，利用指路箭头，或是将朝向某个方向的表面都涂上一种颜色，所有这些方法都能使道路成为一个导向的元素，其它的事物可以因此获得参照，不会有"找不到路"的危险。

如果沿线的位置能够通过一些可度量的方法区分开来，那么这条道路就不但具有方向性，而且具有尺度感。通常的建筑编号就是这样一种度量方法。另一种更具体的方法就是在线路上标注一个可识别点，其它的位置可以参照它，在其"之前"或"之后"，多几个这种确凿的点能够提高位置的精确度。某些特征，比如狭长空间，可以调节地形坡道的变化节奏，使得

变化本身也具有可识别的形态。因此人们可以说某个地方"就在街道要迅速变窄之前"，或是"在山顶上最后一个升起之前"，行进中的人们不但能时刻感到"我的方向没错"，而且还能感到"就要到了"。一旦行程中包含了这样一系列的过程，不断地到达或经过一些次要目标，凭借这些自身的特征，出行就具有了含义，因而本身也成为一种体验。

道路中那些动态感受明显的特征和运动的感觉，诸如转弯、上坡、下坡，都会给观察者留下印象，甚至形成了记忆，那些高速穿越的道路的印象尤为深刻，靠近市中心巨大的弧线下坡道路让人形成难以忘怀的意象。在这种运动的感知过程中，触觉和惯性也起到一定作用，但占主导地位的似乎仍然是视觉。临街的物体能够使运动的视差或透视效果更加鲜明，也能使前面的道路变得清晰。交通线路的动态构造成为道路的个性，久而久之便共同形成一种连续的体验。

道路或目的地中任何形象的展现，诸如一座大桥、一条轴线大街、一个凹陷的断面，也可能是远处终点的轮廓线，都会加强它的意象，沿街高耸的标志物或其它线索，都能证实道路的存在。繁忙的交通线路清晰呈现在眼前，它是城市最基本功能活动的象征。反过来看，假如道路能够向旅行者展示其它的城市元素，浅浅地渗入或穿透其中，提供一些周围事物的线索和符号，就一定会加深人们的出行体验。比如地铁，它不单单是深埋在地下的活跃元素，还有可能瞬间穿过附属的商业中心，站台的形式也有可能让人们联想到它上面的城市。如此塑造的道路将交通流动性塑造得栩栩如生：叉道、坡道、盘旋道，行人车辆能够在其中自由驰骋，所有这些都拓宽了出行者的视野。

通常，城市由一系列有组织的道路构成，其中的战略点是道路的交点，也就是人们在运动过程中联系和抉择的点。如果这些点能够形象清晰，自身构成生动的意象，道路之间的相互位置关系表达清楚，观察者就能因此构造令人满意的意象骨架。波士顿的帕克广场作为一个主要道路连接点模糊不清，而阿灵顿街与联邦大道的交叉口就相对清晰明了。地铁车站一般无法构成形象清晰的交点，在现代的道路系统中，解释说明一个复杂交叉点必须特别小心。

两条以上的道路的交点通常很难形成概念，道路结构必须形态简洁才能产生清晰的意象，在几何学意义上，尤其是在地形学意义上它必须简单。因此对于三叉口，可取的是采用不规则但又近乎直交的节点。这种简单的结构形式可能包括平行或是纺锤形，一边、两边或三边封闭，矩形，或

是汇聚在一起的几条轴线。

道路不但能作为一个特殊的独立元素的特定形态来意象，同时在不必识别某个特殊道路的条件下，能够从整体道路网的角度来解释所有道路之间的典型关系，这意味着它是一个具备一定的方向、地形关系或间距连续性的网格。一个纯粹的网格应该包含这三方面内容，不过单是方向和地形变化本身就能够给人留下深刻印象。如果某些道路都朝着同一个地形方向，或者沿圆弧方向，它们就很容易与其它道路在形象上区分开来，意象也会更加清晰。曼哈顿独具特色的街道就是因此给人留下了深刻的印象，色彩、植物、细部在其中也发挥了作用，路网中的街道名称、编号，空间的渐变，地形、细部和差异也都使道路网具有了顺序感和尺度感。

在现今城市之间相距遥远、高速交通系统至关重要的世界里，可以将道路类比为音乐中的"旋律"，如何组织一条路或是一系列的道路，具有决定性的关键作用。沿道路的事物和特征，比如标志物、空间变换、动态感受等等，共同构成一条富有韵律的行程，经过感知、意象，组成需要一定时间间隔来体验的形态。由于意象是一个整体的旋律，并不是一系列孤立的点，它的内含必定会多一些包容，而少一些苛求。整体形态多半按照标准的"发生——发展——高潮——结尾"的顺序，或许会有很多的细部处理，结尾也有可能空缺。经过海湾通往旧金山的路就蕴含着这样的韵律组织，这种方法为设计的发展和试验提供了充足的空间。

其它元素的设计

像道路一样，边界在全长范围内也应该具备形态的特定连续性。举例来说，一个商务区的边界概念可能非常重要，但由于缺乏可识别的连续形态，就很难与周围的地域区分开来。如果在远处能够从侧面看得见边界以及清晰连接的两个相邻地区，那么边界就会成为区域特征变化的明显标志，其意义也就得到了加强。因此，一个中世纪城市在城墙位置的突然终止，面对摩天大楼的中央公园，以及在海边人行道旁水和陆地的清晰转换，都给人留下了强烈的视觉印象。当两个反差很大的区域并排设置，而且能够从外部看见它们相邻的边界时，这样的区域在视觉上就很容易引起人们的关注。

当相邻区域的特征对比不明显时，就很有必要区分边界两侧以帮助观察者形成"里—外"的感觉。要实现这一点，可以通过材质的对比、线条的连续凹凸、植物特征,也可以通过坡道、间隔的可识别节点,或是相对特殊地处理某一个端头,使边界沿长度具有方向性。当边界不连续、不封闭时,那么就有必要在它的末端设立明确的界标,和能够使边界完整、定位明确的参照点。波士顿滨水地区在人们心中的意象,与查尔斯河通常无法联系在一起,就是因为在它的两端都没有一个感性的参照点,于是滨水地区在波士顿整体意象中就成为一个非决定性的模糊元素。

如果边界允许视线或运动相互渗透,那它就不仅仅是一个主要的屏障。即使是的话,它也在一定程度上与两侧的区域构造在了一起,边界不再是屏障,而是接合处,一条将两个区域接合在一起的变换线。

如果某个重要边界与城市结构的其它部分有许多视线和交通的联系,它因此会成为别的事物借以定位的特征。正如把交通或娱乐功能引入滨水地区,由此提高边界的可达性和使用程度,是提高边界可见度的一种方法;另一种方法是构造高架空中的边界,使人们在很远的地方都能看得见。

另一方面,一个充满活力的标志物的基本特征就是其惟一性,即它与周边的关系、与背景形成的对比,例如低矮屋面映衬的高塔,石墙前的鲜花,土褐色街道上明亮的表面,店铺中夹杂的一个教堂,连续立面中的一个突出物,空间的显著尤其引人注目。对标志物及其周围关系进行控制十分必要,例如在限定表面上设立招牌,对除一个以外的所有建筑限制高度等等。物体如果具有清晰的基本形态,比如圆柱体或球体,能显得更加突出;如果此外它还有丰富的细部和质感,那它绝对会耀眼夺目。

标志物并不一定体量巨大,它可能是一个穹顶,也可能是一个门把手,但它的位置必定非常关键。如果又大又高,在空间布局时一定要让人能够看得见;如果体量小,则应该在一个特定的范围内,能够比其它事物,诸如地面、视线周围或稍低一点的立面,吸引更多的注意力。交通中的任何停顿,节点或抉择点,都能给人留下更深刻的印象。我们的调查显示,在路途抉择点处的一栋普通建筑,人们可以记得很清楚;而沿着道路一晃而过的建筑即使出众,也有可能模糊不清。如果标志物在一定的时间和空间范围内可见,尤其如果在不同的角度景象不同时,它产生的意象就会更强烈。如果不论距离远近,速度快慢,或是白天夜晚,标志物都可以被识别,那么它就已经成为人们感知复杂、变化的城市环境中的一个固定参照点。

标志物如果恰巧集中了一系列的联系,其意象的强度会因此提高。比

如一个独特的建筑正好是某历史事件的发生地，或者色彩明快的大门内恰是你自己的家，那它们绝对会成为标志物。某个事物一旦出名，就连其名称都会对意象产生作用。事实上，如果我们想使周围的环境丰富多采，就有必要创造这一类的巧合联系与可意象性。

单个的标志物除非占据优势地位，不太可能独立成为强大的参照物，识别它需要不间断的关注。如果标志物聚集在一起，相互之间的强化，肯定超出简单的累加。熟悉环境的观察者能从最没有希望的材料中发现一串标志物，可能其中每一个都平淡无奇，但它们仍能够被利用。这些标志可以排列成一个连贯的顺序，通过一连串熟识的细部，使得整个旅程轻松自在，容易识别。威尼斯的街道虽然令人迷惑，但走过一两次之后就可以来去自如，就是因为它有大量极富特色的细节，能够很快地被有顺序地组织在一起。少数情况下，标志物以一定的形态组合起来，其组合的形态从不同角度看过去，能够显示出方向性。佛罗伦萨主教堂的穹顶和钟楼，呈现的就是这样一种姿态。

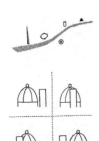

节点在城市中是一个概念化的参照点，但在美国，很少有节点能够具备适合的形态来接受人们的关注，它们通常只是功能活动的聚集点。

认知节点的首要条件，是通过其墙体、地面、细部、光照、植被、地形，或是天际线形成的惟一或连续的特征，最终获得节点的身份特征。这类元素的重要性在于它是一个独特的、难忘的"场所"，不会与别的地方发生混淆。功能使用的强度当然能够加强节点的特征，有时使用的极限能创造独特的视觉形象，就像纽约的时代广场。但是更多的情况类似于我们今天的商业中心和交通站点，缺乏这种视觉特征。

如果节点存在一个鲜明、围合的界线，每个边的意象并没有无缘由地减弱，其界定就更加清晰；如果其中有一两个物体又成为视线的焦点，节点就会更加引人注目；如果它又能够具有连贯的空间形态，那么一定会耀眼夺目。这就是经典的静态室外空间构成原理，表达或定义这样一个空间的手法很多，比如通透、重叠、调光、透视、表面倾斜、围合、清晰度、运动形态、音响等等。

交通中的停顿或是行进中的抉择点如果正好位于某个节点处，那么这个节点就会受到更多的关注。道路和节点的连接必须明显且富有表现力，就像是在道路交叉口，旅行者必须能够看得见自己是如何进入节点，在何处停留，以及如何走出节点。

如果这些汇聚节点的存在，以某种方式成为环境中的标志，那么它就

能够通过辐射把四周很大范围的地区组织在一起。功能或其它特征的渐变，偶尔能够从外部看到节点，以及节点内高耸的标志物，这些都可以把人们一直引入节点。佛罗伦萨城就是以这种方式聚焦在主教堂和 Palazzo Vecchio 周围，两者都位于城中主要的节点内。节点可能会发出有特色的光线或声音，或者在周围通过反映节点特征的象征性细节暗示它的存在。地区内的几棵梧桐树，可能显示就要接近一个遍植梧桐的广场，鹅卵石的人行道将人们引入一块鹅卵石铺砌的场地。

如果节点自身内部就具备局部的方向性，"上下"、"左右"或是"前后"，那它就能与更大范围的方位系统产生联系。当明确的路途经一个清晰的节点时，道路与节点就形成了联系。任何一种情况下，观察者都能感受到周围城市结构的存在，他知道如何选择方向前往某地，目的地的特殊性也会因为和整体意象的对比而得到加强。

我们有可能将一系列节点排列组织成一个相互关联的结构，节点之间可能毗邻，也可能通视，就像佛罗伦萨的圣马可广场和 SS. Annunziata；或者可能与某条道路或边界有共同的联系，相互之间由一个简单元素连接；或是因某些特征的重复关联在一起。这种连接可以构造最基本的城市区域。

城市的区域，在最简单意义上是一个具有相似特征的地区，因为具有与外部其它地方不同的连续线索而可以识别。相似的可能是空间特征，比如灯塔山附近狭窄阴暗的街道；也可能是建筑形式，比如城南端宽大立面的联排房屋；也可能是风格或地形；还可能是一种典型的建筑特征，比如巴尔的摩建筑的白色门廊；或是一种特征的连续，比如色彩、质感，或是材料、地面、比例、立面细部、照明布光、植被、建筑轮廓等等，这些特征相互重叠得越多，区域给人留下的整体印象就越深。事实证明，三到四个这类特征的"主题单元"，对于划定一个区域的界限已经有明显的帮助。通常对一个区域，被访者在头脑中已经积累了一组特征，例如关于贝肯山的就有狭窄的坡道、砖铺路面、小尺度的联排房屋和后退的入口等等。在一个地区，如果具有几个这种固定不变的特征，其余的就可以随意变换了。

假如形态的相似正好与使用状况的相似吻合，给人留下的印象一定准确无误。贝肯山作为上流社会的居住区，其形态特征立刻得到了加强。不过在美国更多的例子通常是相反的，功能特征和形态特征之间几乎没有任何辅助关系。

一个区域会因其边界的确定、围合而特征更加鲜明，位于哥伦比亚

Point 的一个波士顿样式的房屋工程，具有岛屿建筑的特征，虽然在社交上可能并不受欢迎，但它的意象却十分清晰。事实上所有的小岛都是因此拥有了迷人的个性。无论是通过俯瞰、用广角，或是由于地点的突出、凹陷，假如一个区域能够轻易地纵览全局，那么它的独立性确定无疑。

区域的内部还可以进行组织，有可能进一步划成一些不同的分区，共同组成一个整体；也可能以节点为中心呈辐射状结构，存在渐变或其它的暗示；或者通过内部的路网结构形态进行组织。波士顿北碚区的结构是以字母排序的道路网，通常形象清晰，不易混淆，在大多数的意象地图中都被稍微夸大了一点。结构清晰的区域更容易形成生动的意象，它告诉居民的不仅有"你位于 X 区的某地"，而且包括"你在 X 区靠近 Y 的地方"。

适当地划分区域，能够体现其与城市其它特征的联系，为此边界两侧应该可以相互渗透，是缝合线，而不是屏障。区域与区域的连接，可能毗邻、通视、与一条线相关，或是借助一些中间体相连，比如一个中间点、一条道路或一个小区域。贝肯山通过中央公园与城市核心区连接起来，形成了许多吸引人的意象。这些连接加深了单个区域的特征，并共同组成了更大的城市区域。

可以想像，应该存在一种区域，不仅是空间特性上的简单相似，而事实上就是一个真正的空间区域，具有空间形态的结构连续性。从根本意义上讲，城市内江河流经的空间就属于这种区域。空间区域和空间节点（比如一个广场）是不同的，区域无法很快地浏览，而只能通过一个相当长的旅程，体验其有秩序的空间变换。北京故宫制式严整的宫殿群，以及阿姆斯特丹的运河流域，都属于具有这种特征的区域，它们也正是因此形成了具有强烈影响力的意象。

形态特性

所有这些城市设计的线索还可以用另一种方法进行归纳。因为在一定区域中都存在一个贯穿整体布局的共同主旋律，它不断地会涉及到一些特定的普通物质特征，而这正是设计者直接感兴趣的问题，它们描述的也正是一些设计者可操作的特征。我们在此归纳如下：

1. 特异性：或称作图底分明，是指界线鲜明（比如城市发展的突然终止）、封闭（比如一个围合的广场）；表面、形状、密度、复杂性、体量、功能、空间位置的相互对比（比如一个独立的塔、一些华美的装饰、耀眼的标志等等），相对比的可能是即时可见的环境，也可能是观察者的经验。这些都是鉴别一个元素，使元素显而易见、生动可识别的特征。观察者随着对元素的逐渐熟悉，似乎会越来越少地借助物质的连续性来形成整体意象，相反会越来越多地因为那些使景观活跃的对比和个性特征而感到高兴。

2. **形态简单性**：指可见形态在几何意义上的清晰性和简单性，各组成部分的局限性（比如一个格网系统、矩形或是穹顶的清晰形态）。这种简单的形态更容易结合到意象中去，事实证明观察者会把复杂的事实简化成单纯的形态，甚至不惜付出感知和使用的代价。如果一个元素不能够同时看见它的全部，其形状有可能会被转化成一个简单形态的拓扑变形，从而更容易被理解。

3. **连续性**：指边界或表面的连续（比如街道、天际线或是退让线）；各部分的相邻（比如一组建筑）；有节奏的间隔重复（比如不断出现的街角）；表面、形状或是功能的相似、类比或协调（比如使用相同的建筑材料，开间窗扇的重复，市场功能的相似，以及共同标志的使用等等）。这些特性都有助于将一个复杂的物质现实感知成一个整体或是相互关联的意象，并且暗示了其中赋予的同一性。

4. **统治性**：指某一部分在规模、密度或重要性上超出其它部分而占据统治地位，由此我们看到的整体将是一个基本特征，附带与之相关联的组群（比如在"哈佛广场"地区）。这种特性与连续性一样，允许通过忽略或包容对意象进行必要的简化。物质特征，如果完全超出了人们的注意力范围，似乎会在一定程度上从一个中心概念性地辐射发散它们的意象。

5. **连接清晰**：指连接点和衔接处的高度可见性（比如在一个主要交叉口，或是海滨）、清楚的关系和相互联系（比如一个建筑与其选址之间，或是一个地铁车站与其上部的街道之间）。这些连接点是整个结构的战略点，应该具有高度可识别性。

6. **方向性差异**：是指参照物的不对称、渐变和放射状的特征，能够区别元素的两个端头（比如一条上山、远离大海、通向市中心的路），两个侧边（比如面临公园的建筑），或是两个主要方向（可以通过太阳的方位，或是南北大道与东西街宽度的不同）。这些特性在较大尺度的结构组织上使用得非常频繁。

7. **视觉范畴**：指能够在事实上或是象征性地增大视线范围和渗透性的特征。其中包括透明度（比如玻璃或是架空的房屋）；重叠（比如被部分

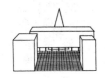

遮掩的建筑);还有街景、全景,它们可以增加景观的深度(比如位于轴线街道上,宽敞的开放空间,高视点等);表达清晰、能够形象说明空间的元素(比如焦点、测距的标杆、尖锐的物体等);凹曲的弧度能使远处物体显露出来(比如背景的山或是弯曲的街道);以及提示某个不可见元素的线索(比如可能成为区域未来特征的活动景象,或是使用某些特征细部来暗示与另一个元素的靠近)。所有这些相关的特性,通过提高景观的有效性,或者说是提高其渗透、分解的能力,从而有助于人们掌握巨大复杂的整体。

8. 运动的意识:是指观察者通过视觉和运动知觉,感受到自身真实或潜在的运动的特性。这些手段能够提高坡道、曲线和相互渗透的清晰性,获得运动视差和透视的体验,维持方向的连续或改变方向,确定可见的距离间隔。既然城市是在运动中被感知的,这些特性应该是最基本的。无论在哪里只要是足够的连贯、合理,就可能用来组织甚至是识别城市(比如"向左走,然后右转","在急转弯处",或是"沿这条路过三个街区")。这些特性加强并拓展了观察者能够用来说明方位和距离的手段,和在运动过程中感知形态的能力。随着运动速度的提高,现代化城市有必要对这些手段进行进一步的发展。

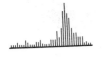

9. 时间序列:指通过时间变迁感知的序列,不仅包括简单的项与项之间的连接,即某个元素与前后两个元素简单的交织(比如一组具体标志物的随意组合),而且包括那些确实是及时建造而因此具有韵律特性的序列(比如标志物能强化形态,最终形成一个高潮点)。前者简单序列的应用非常普遍,尤其是在那些熟悉的道路的沿线,它的旋律节奏几乎不易察觉。但在动态的现代化大都市的发展中,序列的韵律非常重要。正如我们记住的是音乐的旋律而不是音符,城市中被意象的也不是元素自身,而是元素的发展模式。在复杂的环境中,很可能还会需要使用对位的方法,比如置换具有相反韵律节奏的形态。这都是一些精密复杂的方法,必须有意识地进行发展和完善。形状随时间流逝会被感知成一个连续体,对于这些理论,还有那些展示意象元素的韵律序列,或是成串的空间、纹理、运动、光线、轮廓等的设计原型,都需要我们进行新的思考。

10. 名称和意蕴:指那些能够提高元素可意象性的无形特征。例如名称,它对明确身份至关重要,偶尔还能提供一些定位的线索(比如城北车站)。命名的规律(比如按字母顺序的一系列街道)也有助于形成元素的结构。意蕴和联系,无论是社会的、历史的、功能的、经济的,还是个体的,共同构成了基于我们所涉及的物质特征之上的一个完整领域。那些可能潜在于物质形态自身内部的对身份和结构的暗示,因此得到了极大的强化。

上述所有这些特性并非孤立地发生作用,如果只有一种特性单独存在(比如除了建筑材料相同,没有别的相同特征),或是特性相互抵触(比如两个建筑式样相同的地区,功能却不同),最终的意象就会被弱化,还需要付出努力来进行识别和组织。存在一定量的重复、冗余和强化似乎非常必要。综上所述,一个区域如果具有简单的形状,一致的建筑式样和功能,明确的边界,并且在城市中独一无二,与周围区域连接清晰,在视觉上突出,那么这个区域的存在一定不容置疑。

整体的感知

依照元素的类型来探讨设计,容易忽略组成整体各部分之间的相互关系。在这样一个整体中,道路展现并造就了区域,同时连接了不同的节点,节点连接并划分了不同的道路,边界围合了区域,标志物指示了区域的核心。正是这些意象单元的整体编组,相互交织,才形成了浓郁而生动的意象,并一直在都市范围内绵延。

对于前面提到的五个元素——道路、边界、区域、节点和标志物,必须明确它们只是为了方便,完全凭经验进行的简单分类,只有基于或是围绕这些分类我们才有可能组织大量的信息。在有效的范围内,对于设计人它们充当的只是标准元件。掌握这些特征,设计人就有义务组织成一个整体,使它能够被逐步了解,各部分在相关环境中被感知。假如他要沿一条路布置一连串的十个标志物,那么这其中的任何一个,与巍然屹立在市中心的标志物相比,都具有截然不同的意象特性。

大城市具有多重的意象,比如在日夜、冬夏、远近、动静的不同条件下,或在有意无意之中,形态的处理应该具有一定的连贯性。主要的标志物、区域、节点和道路在各种不同的状态下均应该可以识别,仍然是客观状态而不是抽象意义上的识别。这也并不是说在任何情况下意象都应该相同。不过,假如严冬雪季和仲夏时节的路易斯堡广场具有相似的形状,或者州议会穹顶夜晚的灯光闪烁能够让人想起白天时大厦的形象,那么意象的这种特性对比,会因为这一共同的联系给人更加强烈的感受。一个人能够结合两种完全不同的城市景观,而因此在某种意义上获得城市的

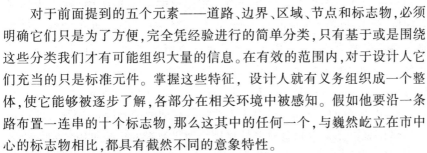

尺度,在整个领域内接近意象的理想状态,否则这是不可能的。

虽然复杂的现代城市需要连续性,但它也通过单体特征的对比和个性提供给人们很多的享受。我们的研究发现,随着对事物熟悉程度的发展,人们对细节和特征惟一性的关注在不断增加。元素的生动性,及其功能和象征性差异的精确调整,都有助于形成这种特征。如果两个极其悬殊的元素存在密切而可意象的关系,它们的对比会进一步加大,其中每一个元素的自身特征也将得到强化。

事实上一个好的视觉环境,可能不仅仅是为了满足日常的出行需求,或是承担已经拥有的意蕴和感情,更重要的是在新的探索中充当导向和促进作用。在复杂的社会环境中,需要掌握的关系多样而且繁杂;在民主社会中,我们恐惧孤独,赞美个性发展,期望群体之间有无限广阔的交流。如果环境的组成框架强大而显著,各部分特征鲜明,那么对新地区的探索也会更加轻松且充满魅力。假如交流中战略性连接(比如博物馆、图书馆或是会堂)的意象清晰,那些通常可能忽略这些地方的人也会被吸引过来。

在城市中,作为可意象因素,那些位于元素下面的地形、早已存在的自然环境,不再是像往常那样重要。密集的建筑,尤其是现代化都市的广度和精致的技术都会模糊这些意象。现代城市地区出现的一些人为特征和问题,常常超过了场地的特殊性。确切地说,现在看来,场地的特征可能既包含原有的地理构造,又是人类活动和愿望的结果。另外,随着城市的扩张,重要的"自然"因素变得越来越突出,成为更加基本的特征,而不再像城市中心地区那样微不足道。基本的气候条件、常见的植被、大片的水面、山脉和主要的江河系统,都成为地方特征中的控制因素。不过,地形仍然在强化城市元素中起着重要的作用,边界清晰的山丘可以划定一个区域,河流与海滨可以形成强烈的边界,地形的关键点能确定节点的位置,现代化的快速路系统为在更大范围内了解地形构造提供了极佳的视点。

城市不是为某一个人建造的,而是服务于众多背景、性格、职业、阶层各不相同的人。我们的分析显示,不同的人组织城市的方法、所依赖的元素以及最喜欢的形态特性都千差万别。因此设计者应该使用所有的形态特征,创造一个尽可能丰富地拥有道路、边界、标志物、节点和区域的城市。在这样的城市中,不同的观察者都会发现与自己的眼光相适宜的感性材料,就像有人会记得街道的砖铺路面,有人记忆的却是道路的弧度,还有人印象中的只是沿路一些小的标志物。

此外,一个高度具体的形态也并不可靠,被感知的环境需要具有一定的可塑性。假如通往某个目的地只有一条主要道路,几个庄重的节点,和一系列界限分明的区域,那么能够轻易意象城市的途径只有一条。而且,它还有可能既不适合所有人的需要(因为人们的需要千变万化),甚至也无法适合某一个人的需要。一次不寻常的行程因此充满危险,变得难以应付,人与人之间的关系孤立开来,整个场面变得单调而充满约束性。

在波士顿,我们已经将那些被访者认为通顺的道路,看作结构组织良好的标志。市民要去一个目的地,在此可能会有多种多样的路径选择,所有的道路都结构严谨,个性鲜明。如果上面再重叠一个有个性的边界网格,也能有相似的作用,人们能够根据不同的品味和需求划分大大小小的区域。节点组织由核心部分显现特征,但在边缘部分特性会发生一些变化,因此它在边界组织中具有灵活性的优点,也就是当区域形状必须改变时,边界有被打散的可能。维持一些大的共同形态,比如强烈的节点、关键的道路或是普遍的区域相似性,十分重要。但在此基本大框架中,应该有一定的可塑性和丰富的结构、线索,使得每一个个体都能够以此构造他们自己的意象,它不但可交流、安全、充分,而且能够顺应和结合观察者自身的需求。

今天的居民比起以前搬家更为频繁,从一个地方到另一个地方,从一个城市到另一个城市。可意象性较好的环境能够让人们很快地在新的氛围中产生家的感觉,而越来越少地依赖长期的经验积累。随着科技发展和功能转变,城市环境自身也在发生迅速的变化,这些改变经常会引起人们情绪上的焦虑,扰乱人们已形成的意象。在环境发生巨变时,如何保持客观结构和连续感的稳定,我们在本章讨论的设计手法经证明应该是有效的。这些手法包括保留特定的标志物或是节点,将区域特征的主题单元贯穿到新的结构中去,对道路进行再利用或是暂时保留下来。

大都市形态

随着大都市地区规模的不断扩大,和其中运动速度的不断提高,人们的感知过程也产生了许多新的问题。大都市区域如今已成为环境中的功能单元,我们期望这种功能单元能够得到居民的组织和认同。新型交通方式允许我们能够在一个巨大的相互依赖的区域中工作、生活,形成与经验相称的意象。这种向新关注层面的跃迁,如同生活功能组织中出现的跃迁一样,过去也曾出现过。

一个广阔的地区,比如一个大都市区域的整体可意象性,并不等于其中每一个点的意象强度都相同,而是应该具有主导的轮廓和相应更宽广的背景、关键点以及连接组织。无论是强烈还是温和,每一部分意象都应该大致明了,并且与整体的连接清晰。我们可以推测,大都市的意象主要由下列元素组成,高速公路、空中航线、以水面等开放空间为边界的巨大区域、主要商业中心、基本地形特征、巨大而遥远的标志物,等等。

然而,如果要为整个地区构造一个形态,存在的问题依然很多。我们通常熟悉的方法有两种,其一,将整个区域组织成一个静止的分级体系,比如它有可能有一个主要的区域,其中又包含三个分区,每个分区下面又有三个小分区,等等。另一个静态分级的情况是,区域中的任何一部分都集中在一些较小的节点上,这些小节点又像卫星一样环绕一个主要的节点,所有的主要节点有序排列,并在整个区域惟一的首要节点处达到高潮。

其二,是利用一个或两个非常巨大的主导元素,让许多小一点的元素与之发生联系,比如沿海居住区的选址,或是依靠一条交通干线发展起来的线形城镇。一个强大的标志物,比如市中心的一座山丘,甚至有可能呈辐射状形成与之相联系的一个大环境。

这两种方法似乎都不太适合大都市的问题。静态分级体系虽然适宜于我们抽象思维的习惯,但对于大都市相互联系的自由性和复杂性都是一种否定。几乎成为一种流行概念,上至一般性,下到每一个细节,无论连接的共性与具体的连接有没有什么关系,似乎每一个都必须设置在交通环岛处。这仿佛是一个图书馆式的统一体,而图书馆需要经常使用一种大量交叉引用的系统。

如果依赖一个强大的主导元素,它虽然能够提供一种更为即时的联系感与连续感,但随着环境尺度的增加,其难度也在增加。因为主导元素必须具有与其地位相称的尺度,而且要有足够的“表面积”,使得其余所有的次要元素能够与它产生密切合理的联系。打个比方,城市中因此会需要一条大河,曲折蜿蜒,让所有的居民都能够临河而居。

当然,这也只能是两种可能的方法,我们还应该研究它们在统一大环境中所起的成功作用。空中旅行又一次使问题得到简化,因为从感知意义上,它能够在一瞥之间匆匆扫过整个大都市区,是一种静止而非动态的体验。

以我们目前的方式来体验大型城市地区,无论如何,总是被另外一种顺序或是暂时形态所吸引。这一情况在音乐、戏剧、文学或舞蹈中都比较常见。于是,沿线一系列事件的形态,比如在城市快速路上迎面而来的一连串元素,相对就比较容易感知和研究。借助适当的工具,多倾注一些注意力,这种体验就会变得含义丰富而且形态清晰。

我们也完全有可能解决可逆性的问题,亦即在大多数双行道上,元素系列必须在两个方向都具有次序性的特征。这有可能通过中心对称或其它一些更为复杂的方法来实现。但这个问题还有它的难处,顺序不但要求可逆,而且有可能在许多点被打断。一个组织严谨的序列,依次具有导引、前言、发展,直至高潮、结果,假如让司机直接就驶入高潮点,这个序列就彻底失败了。因此我们有必要寻找一种既能断又可逆的序列,也就是说不管序列在哪一个点被打断,都具有充分的可意象性,更像是杂志中的系列小说。这将把我们从传统的发展——高潮——结果的序列,引入到其它的、更类似于爵士乐的形态中去,本质上循环不止,却又是不断变化的连续整体。

我们至今探讨的仍是沿一条单一线路运动时的组织,而一个城市区域应该是由这种有组织的序列交织而成的网络。每一个规划元素都应该在其中进行验证,看看是否沿每条主要街道,在每个方向,从每个入口,都拥有成形的元素序列。如果道路的结构简单,比如放射状的路网,就比较容易想象。假如路网发散、交织,像是一组栅栏,就会很难想象,此时,地图中需要在四个不同方向上形成序列。这种问题像是在一个交通网络中控制红绿灯系统,事实上只会比它更加精密复杂。

如果能够沿一条线,或是在两条线之间,逆序组合元素,可意象性会更强。一连串的元素,或是"旋律",应该有可能逆序"演奏"。不过,也许这种技术还需要等待将来更加敏感的、有品味的观众的出现。

即使是这种动态方法,即成形序列的网络组织,似乎也并不十分理想。在此环境仍没有被作为一个整体来对待,而只是众多部分(序列)的集合,以避免相互之间的干扰。凭直觉可以认为,应该存在某种方法能够创造一个整体的意象形态,这种形态只能通过连续的体验被逐渐地感知、发展,可以像想象中那样被翻转或打断;虽然感觉是一个整体,它并没有必要具备惟一中心或独立边界之类高度统一的形态;它最基本的特征是要具有顺序的连贯性,每个部分都承前启后,在任何层次、任何方向上都存在相互的关联。应该会存在这样一个特别的地带,任何一个个体都感到印象深刻、组织强烈，但整个区域是连续的，而且可以沿任何顺序进行想象。这种可能性太特殊了，我实在想不到比较满意的实例。

也许这种整体的形态根本不可能存在，假如那样，前文提到的分级体系、主导元素或是序列网络，仍只能是在大区域结构组织中的一些可能方法。我们希望这些技术方法需要借助的，只是我们目前因为其它原因在探寻的大都市规划控制手段，不过这一点还需要进一步的了解。

设计过程

任何现行运作中的城市地区都具有结构和个性，只是其中强弱悬殊。泽西城距离绝对的混乱也就是一步之遥，如果不是这样，城市将无法居留。几乎历来如此，任何潜在的强烈意象都隐藏在地理位置当中，比如泽西城的佩利塞德岩壁，其半岛似的形状以及与曼哈顿岛的关系，都预示了其意象的强烈。一个经常出现的课题就是如何对敏感的现状环境进行改造，其中包括发现和保留强烈的意象元素，克服一些感知上的难点等等，总之就是从模糊混乱之中提取出潜在的结构和个性。

平常，设计者面临的都是如何去创造新的意象，比如那些大规模的改造。在大都市向郊区延伸发展时，这个问题尤其重要，必须在感知上很好地组织这些大范围延伸形成的新的地域景观。由于开发的密度和尺度的增大，自然特征不再是结构导向的充分条件。以目前的建设速度，也不可能有时间在形式与微弱的个体力量之间进行缓慢的调整。因此，我们需要的远非是以前那样的有意识设计，不再为了情感目的而对环境深思熟虑。尽管我们拥有以前城市设计的丰富实例，但现在进行的是一种完全不同尺度空间和时间的操作。

这种成形和再成形的过程，应该由所谓城市或大都市区域的"视觉规划"来进行控制，其实也就是一组与城市尺度的视觉形态相关的管理和建议。准备这样一个规划，需要使用我们研究中产生的方法，先从地区形状和公众意象的分析入手，这些方法在附录 B 中有详细介绍。然后这一分析可能汇总成一系列的图表和报告，解释说明重要的公众意象、基本的视觉问题和机会、关键的意象元素和元素间的相互关系，以及元素的细部特征和变化的可能性。

虽然这不应是惟一的途径，但通过这些背景资料的分析，设计者能够进而发展一个城市范围的视觉规划，提出一些能够加强公众意象的元素。规划可能会指定标志物的选址或是保留某标志物，设计道路视觉层次的展开，建立区域性的主题单元，以及一些节点的产生和说明等等。总之，这将涉及到元素之间的相互关系，动态的感知过程，以及作为一个整体视觉形态的城市概念。

除非是在某些战略点上，真正的客观变化可能无法仅从感觉上进行判断，不过视觉规划能够影响因其它原因发生变化的物质形态。这个规划应该同时适应于该区域其它方面的规划，成为综合规划中一个正规、完整的部分，与其它部分一样，它也需要不断地修订和发展。

对城市范围内视觉形态进行的控制，可以说既包括一般的分区规定、咨询评估、对单体设计的评审影响，也包括对关键点的严格控制，以及对快速路、城市房屋等公共设施的参与设计。这些方法在原则上与其它规划研究使用的管理控制方法相差并不是很多。一旦目标明确之后，可能更困难的是实现对问题的理解，运用必要的设计技巧，而不是去获得必要的权力。在那些远期管理控制的手段被证明正确之前，我们需要做许许多多的工作。

像这样一个规划的最终目标并不是物质形态，而是人们心目中一个意象的特征。因此通过训练观察者，教他们如何看待自己的城市，观察其复杂多样的形态和相互之间的组织，也能够起到加深意象的作用。可以把市民领到大街上，或是在学校、大学中开设课程，整个城市就是我们社会及其希望的一个生动的博物馆。这种教育不但可以用来发展城市意象，而且能够帮助人们适应一些令人困扰的变化。城市设计作为一门艺术，在召唤见多识广而且有品味的观众，教育和物质改造都是这一连续进程中的组成部分。

提高观察者的注意力，丰富他的体验，是创造形态最起码能够具有的价值。在某种程度上，为提高可意象性而对城市进行的改造，无论最终的物质形态如何笨拙，其过程本身就可能强化人们的意象。正如业余画家最先观察到的是身边的城市，室内装饰的初学者会得意于自己的起居室装修，并以此判断别的作品。尽管改造过程如果不伴随越来越多的管理和评价可能会成为徒劳，但即使是一个笨拙的城市"美化"过程，其自身也可能成为城市能量和凝聚力的增强剂。

第5章
新 的 尺 度

我们在第1章中指出了感知城市的特点，并因此总结出城市设计艺术与其它艺术有本质的不同。环境意象的生动性与连贯性被推举为享有和使用城市的决定性条件。

意象是观察者和被观察事物之间双向过程作用的结果，其中设计者可以操作的外部物质形式起着主要的作用。我们区分了环境意象的五种构成元素，并详细讨论了它们的特性和相互关系。讨论所使用的大量资料都来自对三个美国城市中心区形式和公众意象的分析，在分析过程中，对可意象性研究发展了实地考察和抽样访谈的方法。

尽管大部分工作都局限于单个元素的个性和结构，以及它们在小复合体中的形态，但最后都集中到作为一个整体形态考虑的城市形式的远期合成，整个大都市地区清晰而且全面的意象是未来城市的基本要求。如果能够实现，那么将会把城市体验提升到一个新的，与当代功能单元相当的水准。在这一尺度上的意象组织将涉及全新的设计问题。

今天，大尺度的可意象环境非常稀少，然而现实生活中的空间组织、运动速度、新建项目的速度和尺度，都使得通过有意识的设计来建立这样的环境成为可能和必要。我们的研究可能仅仅是一种初级方法，但它也指出了这一新型设计的途径，正是本文的论述使得大城市环境能够具有给人美感的形式。不过至今还没有人尝试设计这种形式，这个问题不是被忽视了，就是被降格到仅仅零星应用在建筑和总平面设计中。

有一点十分明确，一座城市或大都市的形态将不会展示一些巨大、分层的秩序。它将是一种复杂的模式，连续完整，却又复杂易变。适应数以万计市民的感知习惯,它应该具备可塑性,对于功能和意义的改变不加限制,同时又能包容新形象的生成,它必须鼓励它的观众来探索这个世界。

事实上,我们对环境的需要并不仅仅是其结构良好,而且它还应该充满诗意和象征性。它应该涉及个体及其复杂的社会,涉及他们的理想和传统,涉及自然环境以及城市中复杂的功能和运动,清晰的结构和生动的个性将是发展强烈象征符号的第一步。通过一个突出的组织严密的场所,城市为聚集和组织这些意义提供了场地。这种场所感本身将增强在那里发生的每一项人类活动,并激发人们记忆痕迹的沉淀。

由于生活的紧张和密集的各类人群,大城市充满了象征性的细节,是一个传奇式的场所。对我们来说,它既光彩夺目又令人恐惧,正如弗拉那根所说,它是"充满令我们困惑的景观"。[21] 假如它真的清晰可见,那么所有的恐惧和困惑都将被景观的丰富和力量中蕴藏的快乐所代替。

在意象发展的过程中,观察方式的教育与重塑环境都非常重要。事实上,二者在一起将构成一个循环的或者是一个螺旋式上升的过程。视觉教育促使市民遵照其视觉环境行事,而这种行动将使他们更敏锐地观察环境。高度发达的城市设计艺术将与有品味的敏感的观众的创作相关联,如果艺术和观众一同成长,那么我们的城市必将成为无数居民欢乐的所在。

我们可以从许多地方寻找到有关环境意象的资料，比如那些古代或现代的文学作品，旅行或探险杂志，新闻报道或是一些心理学和人类学研究资料等等。这些资料虽然一般都非常零散，但却十分常见而且有启发性。当我们浏览这些资料时，会了解到一些相关的内容，诸如这些意象如何形成，其特性如何，以及它们如何在我们生活中的社会学、心理学、美学和实践方面起到相应的作用。

打一个比方，根据人类学家的描述，我们推断原始人深深地依存于他们所生活的环境。他们会区别并命名一些较小的地方，依赖大量的地名，即使是在无人居住的荒野，人们对自然地理也存在着浓厚的兴趣。环境是原始文化的一个完整组成部分，人们在其中工作、繁衍、生息，与之和谐相处，几乎每时每刻，他们都将自身完全融入环境而不愿离开。在不断变化的世界里，环境代表着延续和稳定。[4,38,55,62] 蒂科皮亚岛①（圣克鲁斯群岛）上的居民说：

> "大地总在那里，但人类会逝去，逐渐衰弱直至埋入地下。人生短暂，而大地永存。"[19]

这些环境不仅含义丰富，还给人以生动活泼的意象。

某些圣地可能会引起人们强烈的反应，因此成为关注的焦点，并且具备明确区分的部分和许多细部的名字。雅典卫城洋溢着悠久的文化和宗教历史，雅典人用神的名字命名和划分每一块区域，甚至每一块石头，使得后来的修复工作变得十分困难。位于澳大利亚中部麦克唐纳山脉中的长90米、宽27米的艾米莉峡谷，对土著人来说它是真正的发生传奇故事的长廊。[72] 蒂科皮亚岛的玛拉，是林中一处矩形空地，每年在此仅举行一次宗教仪式。虽然只是块小长方形土地，但其中的 20 多个点有自己固定的名字。[19] 在更为近代的文明中，整个城市可能就是圣地，比如伊朗的迈谢德和西藏的拉萨。[16,68] 这些城市中充满着名字、回忆、独特的形式和神圣的地方。

我们对环境的意象仍然是生活中的一个基本的组成部分，但今天对许多人来说，它可能已经并不那么生动特别了。最近有一本科幻小说，书中的 C.S 刘易斯幻想自己进入了别人的思想，在别人对外部世界的意象中移动。那里光线灰暗，无法称之为天空，模模糊糊有一些暗墨绿色的东西，乱糟糟的一团。他盯着看了半天，才认出它们是假冒的树，下面有一些灰蒙蒙青草色的柔软东西，但是没有分开的叶子。他越是想离近一些看，这些东西越是变得模糊不清。

环境意象最初的功能是允许某些有目的的运动，一张正确的地图对原始部落来说生死攸关。当初澳大利亚中部的卢瑞卡人因四年干旱被迫迁徙时，就是凭借部落中最老的长者准确记忆的地理位置，找到了那些细小的连续的泉水，才得以穿越沙漠而生存下来。长者的经验是多年前从祖辈那里传下来的。对于南太平洋海域上的导航者，重要的是能够区分星星、水流和海水的颜色，因为即使是很短的出行也都是与死神的一场赌博。拥有这些知识使他们能够出门航行，并可能有较好的生存状态。在普鲁瓦特岛(加罗林群岛②)上，有一所当地著名的航海学校。由于具有航海的专长，普鲁瓦特人成为海盗，靠袭击周围大范围内的岛屿为生。

在今天，这种技能似乎并不重要，但假如一个人脑部受伤，失去了辨认周围环境的能力，我们就需要从另外一个角度来看待事物。[15,47,51] 他也许能理智地说话、思考，甚至毫不困难地识别物体，但他无法将意象组织成相互关联的系统。他们一旦离开房间就无法再找回来，除非有人引导，或是偶然发现某些熟悉的细节。有目的的运动必须依靠对独特细节顺序的具体记忆，这些细节在空间上排列紧密，下一个细节总是出现在前一个的近距离范围内。场所通常是由许多相关联的物体确定的，而要辨认它只需要一些特殊、孤立的符号。有人通过一个小记号认出了一个房间，还有人是通过有轨电车的号码识别一条街道，如果这些符号被破坏，那么这些人就会迷失。这种情况类似于我们在不熟悉的城市里行进。特别是在脑部受损伤的案例中，这种情况会成为必然。因此意象在实用性和感情上的重要性显而易见。

一个运动的生物体在环境中必须得到指引，否则就会产生迷失的恐惧。杰卡德引用了非洲土著人迷失方向的一个事例，[37] 他们恐惧惊慌，最后陷入到灌木林中。威特金[81] 讲述，曾有一位经验丰富的飞行员在垂直起降时迷失了方向，他说这是他一生中最可怕的经历。还有很多作家[5,52,76]描述过一些在现代都市中暂时迷失方向的现象，同时谈到了感情上受到的困扰。比耐特提到，有一个人从巴黎坐火车到里昂，必定都要在一个特定的车站下车，虽然不太方便，但符合他对里昂和巴黎相互位置关系的错误意象。[5] 另一位被访者说他一到小城镇就感到头晕，因为总是弄错方向。从许多方面都证实，那些起初错误的环境组织意象会令人感到不安。[23] 另一方面，在一个高度人工化、表面呈中性的迷宫里，布朗完成的实验报告显示，接受测试者喜欢的可能只是一些非常简单的标志，比如一块粗糙的木板，因为这些东西他们最熟悉。

寻找道路是环境意象的最基本功能，也是可能建立感情联系的基础。然而意象的价值不仅仅局限于这种直接意义上，只是当作地图来指示运动方向；在更广泛的意义上，它应该能够充当一个基本的参照框架，个体能够在其中活动，并将他的知识附加在框架上。因此，意象就好比是一种信念或一套社会习俗，是事实和可能性的组织者。

其它一些特殊景观也许只能简单地展示其它群体，或者象征地点的存在。马林诺斯基在讨论新几内亚沿海的特罗布里恩德群岛③上的农业时，讲到如果在灌木丛或空地之上生长着一片很高的树林，就说明这里是某个村庄的领地，外人不得进入。同样的，高耸的钟楼是整个威尼斯平原上城镇的标志，而谷仓则是美国中西部小村庄的标志。

环境意象，更进一步也许能够充当活动的组织者。比如在蒂科皮亚岛，人们每日工作往返的小路上有好几个习惯的休息点，[19] 这些场所将形式赋予日常的"通勤"。岛上圣地玛拉的一小块空地上就有许多地名，这些地点之间的细微差异，正是进行复杂而有组织的仪式活动所必需的。在澳大利亚中部，传说中的土著英雄总是在所谓的"梦想时光"道路附近出现，因此这些道路成为环境意象鲜明的组成部分，当地人在其间穿行时也感到很安全。[53] 在普拉托里尼的自传体小说里，他举了一个惊人的实例。在佛罗伦萨一处被夷为平地的空旷地带，人们日常穿行时，还总是沿着那些已经荡然无存的只是在想象中还保留的街道上行走。

还有一些场合，区分并解构环境是调整知识体系的基础。拉特雷十分欣赏阿桑蒂④的医生，他们努力去探寻森林里每一种植物、动物和昆虫的名字，了解它们的性情特点，"阅读"森林，仿佛它是一本复杂而永远展开的卷宗。[61]

景观也充当着一种社会角色。人人都熟悉的有名有姓的环境，成为大家共同的记忆和符号的源泉，人们因此被联合起来，并得以相互交流。为了保存群体的历史和思想，景观充当着一个巨大的记忆系统。澳大利亚阿伦塔部落中的人都能背诵一些很长的历史故事，但波蒂厄斯认为这并不是因为他们具有特殊的记忆能力，乡村里的每一个细节事实上都在暗示着一些传说，而每一景观又向人们提示了对共同文化的回忆。莫里斯·赫伯瓦克在谈及现代巴黎时也有同样的观点，他认为不变的物质景观和对巴黎的共同的记忆，是将人们联系在一起的并得以相互交流的强大力量。

景观的象征性组织可以帮助人们战胜恐惧，在人与环境之间建立感情上的安全联系。我们可以引用有关澳大利亚中部卢瑞卡人的事例来证明这一观点：

> 卢瑞卡的岩石如此巨大，即使那些自以为见过许多奇观的白人也会感到敬畏。对于出生在这些巨形怪石阴影里的每一个婴儿，那些使他们认同自己种族的历史传说，必定会给他们带来极大的鼓舞。即使这些巨大的岩石仅仅是祖先漂泊的见证，这也会使他们与先辈之间有了更亲近的关系。传说和神话不仅仅是夜晚用来消磨时光的故事，更是原始人为战胜恐惧和无知使自己愈加坚强的方式。由于孤独，原始人的心灵自然地会受到恐惧的折磨。难怪他们会坚信这些巨大而无关紧要的自然之物，一定是他们种族历史上众多惊人特征的见证，是由那些在它控制之下的有魔法的臣民形成的。[55]

即使在不那么孤独和恐惧的环境里，一个被认知的景观也会带给人亲切和公正的愉悦感觉。正如内特西里克的爱斯基摩人的一个谚语中所说，"让你自己东西的气味环绕着你。"

事实上，正是由于环境的命名和区分，使得它们充满生气，因而也给人类的体验增加了深度和诗意。西藏的一些山路可能会有这样的名字，"秃鹰的困境"或"铁剑之路"，它们不仅高度概括，还诗意般展现了一部分西藏文明。[3]一位人类学家这样评论阿伦塔的景观：

> 只有去过那里的人才能了解神话中生动的事实，我们穿越的整个村落显然只有低矮的灌木丛、几条胶树林中的小溪，高高低低的山丘和一些开阔的平地，然而土著居民的历史使它们看来充满了生气

......传说是如此生动，所有来过的人都能感到周围仍然是一片生机勃勃的居住地，到处都是忙碌的人群。[54]

今天我们在研究周围环境时已经更有组织性，比如通过坐标、编号系统或抽象命名等方式，然而我们常常错过了环境生动具体的特性和清晰明白的形式。[40] 沃尔和斯特劳斯列举的许多实例，都说明了人们在努力为自己的城市寻找能使人印象深刻的物质符号，既能够组织他们对城市的意象，又可以继续日常的活动。[82]

普罗斯特在《斯旺的家》（Du Cote de chez Swann）一书中对坎布里教堂尖顶所作的动人描述，很好地概括了一个可意象环境能够带来的感受和价值。他在坎布里度过了童年时代的许多夏季，教堂的尖顶不仅是小镇的象征，能够帮助确定方位，而且还深深地融入到日常生活中，铭刻在他的脑海里，并成为日后追寻的一种幻觉：

> 人们必须返回到尖塔，它总是统治着其它所有的东西，一个尖顶就出人意料地概括了所有的房屋。[57]

参照系统的类型

可能存在一个抽象概括的参照系统，将意象以不同的方式组织起来，有时精确，而有时只是关于定位和特征间关系的习惯方法。西伯利亚的楚克其人可以区分 22 个与太阳相关的三维罗盘方位，包括天顶、天底、午夜（北）和正午（南）4 个固定位置，和 18 个根据太阳在昼夜不同时间位置确定的方位，而且这些方位随季节变化而变化。此系统对控制卧室的方位起到重要作用。[6] 西太平洋的密克罗尼西亚航海者使用一种更精确的方位系统，它并不对称，而是与星座和岛屿的方向相关，其方位加起来共有 28 到 30 个。[18]

中国北方平原使用严格、规矩的方位系统，有着很深的不可思议的内涵。北象征着黑色和邪恶，而南代表着红色、欢乐、生命和太阳。同时，对所有宗教建筑和永久构筑物的选址进行严格的控制。事实上，中国四大发明之一的指南针，并不是用于航海，而主要是用来测定建筑的方位。这个系统的影响非常普遍，以至于生活在这一平坦地域的人们指示方向时用的都是"东西南北"，而不是我们习惯的"左右"。这个组织系统固定、普遍地独立存在于个体之外，不以个体为中心，也不随个体运动而转折。[80]

　　澳大利亚的阿伦塔人在提及某一物体时，习惯提到它与说话人的关系、方位和可视性。一位美国地理学家在宣读一篇关于"我们自身具备四个基本方位的必要性"的论文时，惊奇地发现，他听众中的大多数城市居民都习惯于通过显眼的城市特征辨向，根本不需要借助别的什么东西。而这位地理学家在开阔的农村地区长大，视野里只有大山。[52] 一个爱斯基摩人或是撒哈拉人能够辨清方向，依靠的并不是天体，而是盛行风向，或是风吹后形成的沙丘或雪堆的形状。[37]

　　在非洲的部分地区，主要方位并非抽象不变，而是朝着家的方向。杰卡德曾举例，当几个部落在一起共同宿营时，他们都本能地分成组，各自朝向自己领地的方向。[37] 后来他又提到一个有关法国商人的例子。他们时常去一些陌生的城市做生意，据说他们很少会去注意街道的名称和标志，而只是记住从火车站来回的路，工作一结束就立刻回家。澳大利亚坟场的布局又是另一种情况，它朝向的是死者的图腾中心或精神家园的方向。

　　蒂科皮亚岛采用的又是另一种系统，它既不是常见的以自我为中心的系统，也不是朝向某一基准点，而是与地形的某一特殊边界相关。这个岛十分小，人们所见所闻的都离不开海，岛上居民使用"岛内"和"海外"作为所有的空间参照，就连房屋地面上放置的一把斧子都要以此定位。弗思说他曾无意听到一个土著人对另一个说："你朝向海边的脸上有一个泥点"。这种参照方式的影响如此强烈，使他们很难理解任何真正的大片土地。村庄沿海岸排列，指路的传统词汇是"下一个村子"，或"再下一个村子"之类，是一种极易参照的单向序列系统。

　　有时环境并不是通过一种概括的方位系统进行组织，而是有一个或多个强烈的焦点，其它东西都参照这些点。在伊朗的迈谢德，中心神庙附近的每一物体都被赋予绝对神圣的意义，包括掉落在圣地内的灰尘。在通往城市的路上有个制高点，从这里开始人们可以看到清真寺，因此这个点也就变得十分重要。在城中穿过每一条通向神庙的街道时，最好都要行鞠躬礼。这个神圣的焦点是一个极端的例子，由它组织了整个周围地区。[16] 这类似于罗马天主教堂的习俗，每当走过祭坛轴线时都要行屈膝礼，祭坛定位了整个教堂的内部。

　　佛罗伦萨在极盛时期也是这样组织的。那时描述或谈论方向都是参照"坎提"，即焦点。它们指的可能是凉亭、灯具、盾形徽章、礼拜堂、府邸、店铺，还可能是药店。到了后来，才将"坎提"的名称与街道联系起来。直到1785年，这些名称才规范化成为路标。现代的住宅门牌是1808年才开始使用的,自此以后,道路成为城市的参照系统。

因为每个地区及人口都相对稳定、独立而特殊,因此一些古老的城市利用区域进行意象和参照的情况非常普遍。罗马帝国时期,地址只精确到一个小的特定区域,可以推测如果到了这里,只要问问路人就可以找到最终的目的地。

景观也可能通过运动路线构成图形,澳大利亚阿伦塔的组织方式就让人不可思议。整个地域是通过虚构的道路网将一系列孤立的"图腾"村落、家族庄园联系起来,中间是荒地。通常只有一条小路能够通往神圣的放置图腾的圣所。平克说,曾经有一位向导领着他走了很长一段迂回曲折的路,才到达这样一处神圣的地方。[54]

杰卡德曾提到过一位撒哈拉的著名阿拉伯向导,他能根据一些最模糊的印迹找到路,对他来说,整个沙漠上也覆盖着一张道路网。甚至有一次,当穿过空旷的沙漠已能清晰地看见目的地时,他仍在费力地寻找那些歪歪扭扭几乎没有印迹的道路。这种依赖成了一种习惯,因为风暴和海市蜃楼常使人不能相信远处的标志物。另一位作家提到撒哈拉沙漠的梅支贝德,它是一条横穿大陆的骆驼队行走的道路,依靠放置在关键交叉点的石头堆,驼队要从一个水源地到另一个水源地,在荒漠中行进上百公里,错过一个水源地可能就意味着死亡。从这样的探险中你能获得坚强的个性和近乎圣洁的品质。[24]在另一种全然不同的非洲丛林地域景观里,大象走过的路线乱作一团,看似无法穿越,但是土著人能够像我们了解和穿越城市道路一样在其中自由穿行。[37]

普罗斯特有一段关于威尼斯的描写,是感受道路参照系统的一个生动实例:

> 我的冈多拉沿着小运河河道前进,就像幽灵神秘的手在牵引我穿过这座东方城市的迷宫。它们似乎正在为我开道,拥挤的城市从中心被劈开,兀自只留下一条细长的狭缝,能瞧见那些带着小小的摩尔式窗户的高大住宅。仿佛是一位具有魔力的向导,一直在秉烛为我照亮,他不停地将一缕光芒掷向前方,扫清了面前的道路。[58]

布朗做过一个实验,让被测试者蒙上双眼走迷宫。之后他发现即使条件如此苛刻,被测试者也能运用至少三种不同的定位方法,其中包括记忆中的运动序列(除非序列正确,通常很难再去重建),一系列能确定方位的标志物(比如粗糙的木板、声源、能感觉到的温暖阳光),以及在室内空间中的一般方位感(比如可以想象是在环绕房间的四边移动,进入到室内有两个人口)。[8]

意象的形成

环境意象的创造是一个观察者和被观察者之间双向作用的过程。观察者的所见来源于环境的外在形态,但是他表达和组织的方式,以及引导自身注意力的方法,都会反过来影响观察者的所见。人类的感官具有很高的灵敏度和适应性,对同一个外部现实,不同群体产生的意象可能完全不同。

萨皮尔举了一个有趣的例子,南佩尤特⑤人语言中的注意焦点与众不同。在他们的词汇里有一些明确表示地貌的单词,诸如"山脊包围的一块平地","向阳的岩壁",或"被几个小山脊切断的起伏的村庄"。他们的居住地属于半干旱地区,因此对地形进行这种精确的定位十分必要。萨皮尔还进一步提到,在这种特别的印地安语中,并没有像"杂草"这样的在英语里很常见的单词,但却有一些关于食物和药物来源的独立单词,且分别表示每一个种类生熟、颜色、生长阶段的不同,就像英语里的小牛、母牛、公牛、小牛肉和牛肉一样。还有更特别的,有一个印地安人部落的词汇中竟然没有区分太阳和月亮![66]

爱斯基摩的阿留申人,从来没有给周围景观中具有巨大竖向特征的山脉、山峰和火山一类的形体命名,相反那些细小的水平方向上水面的特征,比如小溪、河流或是池塘都有自己的名字。这也许是因为即使细小的水流对冰上旅行者都是生死攸关的环境特征。[26]爱斯基摩的内特西里克人似乎也很关注类似的水体特征。在 12 幅由土著拉斯姆森人画的地图草图中,人们一共标出了 532 个地名。其中有 498 个指的是岛屿、海岸、海湾、半岛、湖泊、河流或浅滩,有 16 个是山脉,只有 18 个名称涉及零星分布的岩石、沟壑、沼泽或聚居地。[60]扬曾举过一个有趣的例子,一位受过训练的地理学家,仅仅依靠识别裸露岩石的地质类型及形态,就能毫不费力地行走在多雾的阿尔卑斯乡村中。[83]

另一种颇不寻常的关注领域是天空的反射。斯蒂芬森提到,在北极低空悬浮的云层能够用不同的颜色反射出下面的"地图",那些位于开阔水面上的云是黑色的,位于海域冰面上的是白色的,而陆地冰面上的则要暗一些,等等。在穿越宽阔的海湾时,标志物可能都在地平线以下,因此这个方法就变得非常有用。[73]南太平洋海域的人们常运用天空反射法,不仅可以知道远处地平线以下小岛的位置，而且能够通过反射的色彩和形状辨别它是哪一个岛屿。可以用来定位辨向的形态多种多样,加蒂在一本关于航海的新书中,提出了一些相关的概念。[23]

这些文化的差异,不仅涵盖那些被关注的特征,而且包括它们的被组织方式。阿留申群岛的语言里没有一些最普通的名词,因此阿留申人无法识别对我们来说显而易见的山体。[17]阿伦塔人对天体的划分也与我们完全不同,他们常把明亮的距离近的星星分成不同的组,进而与那些暗淡遥远的星星建立联系。[45]

此外,我们的感知能力的适应性非常强大,每一个人类部落都能辨别环境景观中的各部分,感受其重要的细节并赋予其含义。无论环境对于一个外来的观察者如何难辨,就像澳大利亚无边的灰色灌木丛,爱斯基摩人居住的白雪覆盖的分不清海洋陆地的区域,多雾且多变的阿留申群岛,或是波利尼西亚航海家行驶的"无迹可寻"的茫茫大海,对于当地人来说它依然清晰可辨。

历史上有两个原始群体形成并发展了自己的方位学和地理学,这就是爱斯基摩人和南太平洋海域的航海者。直到最近,西方的地图绘制者才超越了他们。爱斯基摩人能够徒手绘制出有用的地图,范围可能大到在一个方向上覆盖 400 到 500 英里。在其它地方,很少有人能在不事先参考现成地图的情况下做到这一点。

同样,太平洋加罗林群岛上受过训练的航海者,也有一套精确的航行导向系统,与星座、岛屿位置、风、潮流、太阳位置和波涛方向密切相关。[18,44]阿雷勾描述过一位有名的舵手,他曾经声称,群岛中的各个岛屿对他来说都是通过玉米标出各自的相对位置, 相互命名,并表示出通行线路和物产。你是否能想象,这片群岛从东到西竟有 1500 英里长!不仅如此,他还用竹子做了一个罗盘,随时观察风向、星座和潮流,以指引航向。

在这两种成功地形成了概括力和注意力的文明之间,存在两个共同点。其一,自然环境中无论是水还是雪,都基本不具备特征,或仅有一些细微的差别。其二,两个群体都过着迁徙的生活,爱斯基摩人为了生存,必须随季节变化从一个狩猎地转移到另一个狩猎地;南太平洋海域最好的水手不会是来自富裕的地势较高的岛屿,而一定是那些地势低的小岛上的居民,这里自然资源匮乏,时刻会面临饥荒的威胁。撒哈拉的图拉奇游牧部落与之十分相似,因而也具有相似的能力。另一方面,杰卡德还提到了非洲土著,由于已形成了定居农作的习惯,即使在周边的丛林里他们也很容易迷路。

形式的作用

然而，讲了这么多有关人类感知能力的灵活性和适应性的内容之后，我们必须补充说明一点，客观世界物质形态起到的作用也不容忽视。需要技巧的航行似乎总是出现在那些感知困难的环境里，这正说明了外部环境形状的影响。

为了在这些复杂环境里获得辨向的能力，必定要付出代价。通常只有专家才能掌握这些特殊的本领。比如能绘制地图的拉斯姆森人是他们的首领，余下的多数爱斯基摩人都做不到；科尼兹说在整个突尼斯南部只有12个一流的向导；[13] 波利尼西亚的航海者是占统治地位的社会阶层；普鲁瓦特人的航海知识是在家族中世代相传的，前文所述的那所正规的航海学校，有一个专门的食堂，航海家们总是在那里谈论方向和水流。这使人联想到马克吐温小说里密西西比河上的水手，为了掌握那些变换莫测的标志物，他们驾船沿河上上下下，不停地争论。[77] 这种技巧值得佩服，但它与我们期望的轻松熟悉环境之间仍存在一定差距。波利尼西亚航海者的远航显然总是伴随着焦虑，一次普通的航行需要由一长排的独木舟队伍并进以帮助寻找陆地；澳大利亚的阿伦塔又是另一种情况，只有部落中的老者才能引导人们从一个水源地走到下一个水源地，或是在灌木丛里找到一条正确的通往圣所的道路。然而在特征鲜明的蒂科皮亚岛这类问题很少会出现。

我们经常听说一些有关当地向导在毫无特征的环境里迷失方向的报道。斯特雷露描述了他在澳大利亚灌木丛林里与一位有经验的土著向导挣扎前进好几个小时的故事，向导不断费力地爬上树梢，以期通过远处的标志物获得方位。[75] 杰卡德也叙述了他在图拉奇迷路的遭遇。[37]

从另一个极端来说，无论眼睛具有怎样的选择性，一些景观特征的视觉特性注定会使它们吸引人们的注意力。通常，圣地一般聚集在更为引人注目的自然环境中，例如阿桑蒂神与巨大的湖泊、河流产生联系，连带在一起的大山也获得了人们同样的尊敬。在印度的阿萨姆邦有一座名山，传说它是释伽牟尼临终的地方。在沃德尔的描述中，这座山直接从平原上耸立起来，险峻如画，与环境形成鲜明的对比。很久以来它一直受到当地人的崇拜，成为婆罗门和伊斯兰教徒的圣地。[78]

蒂科皮亚岛上的大山，因其形体的突出成为重要的组织特征。无论从社会学还是从地理学的角度看,它都是岛上的制高点,被认为是神降生的地方。它在很大的海域内,成为家园位置的标志,有一种神奇的超自然的力量。山顶上几乎从未开垦或种植过作物,因而保存了不少珍稀的植物群落,更加强了这个地区的特殊意义。

有时景观会因为形状的怪异而吸引人们的注意。卡瓦古奇曾这样描述西藏的 Kholgyal 湖畔:

> ……这一堆、那一堆,到处都堆放着石头,有黄的、深红的、蓝的,还有绿的、紫的……这些石头奇形怪状,有的尖利带着棱角,还有的是从河中采出来的。近一些的河岸……到处也都散落着怪模怪样的石头,每一块上面都刻有一个名字……所有这些都是令人崇拜的。[39]

再举一个更通俗的例子,有人曾连续几年在草地上观察筑巢的鸟,把它们各自的领地画成图。可能因为由不同个体所占据,这些领地有很大的波动性和重组性,而那些篱笆或灌木丛之类明确的边界,则保持不变。[50] 我们知道,候鸟群在向一个大方向迁徙时,飞行导航的主要线路或边界一般都是一些地形特征,比如海岸线。就连蝗虫群,通常也会根据风向保持团结一致的方向,而一旦经过无特征的水面时,它们就会变得没有组织而四下分散。

还有一些特征可能不但引人注目、易于分辨,而且还给人一种"临场感",似一种生气勃勃、栩栩如生的现实,就连文化背景完全不同的人也能感觉到。卡瓦古奇提到,在他第一次看到西藏的圣山时,就感到它"庄严地坐落在那里",把它比作自己的 Vairochana 佛,侧面是菩萨。[39]

类似的离我们生活更近一点的例子,是沿着"俄勒冈小径"的峭壁给人的最初印象:

> ……如果在高空向西慢慢行进时,惊讶的感觉会波及所有人……无数的观察者都会发现灯塔、砖窑、华盛顿的国会大厦、贝肯山、发射塔、教堂、尖顶、圆顶、街道、工场、商店、仓库、公园、广场、锥顶、城堡、炮台、柱廊、穹顶、尖塔、寺庙、哥特式城堡、"现代"防御工事、法国的大教堂、莱茵河畔的城堡、高塔、隧道、门廊、陵墓、Belus 神殿、空中花园……放眼望去,石头上呈现出城市、寺庙、教堂、塔楼、宫殿和各种各样高大宏伟的建筑……华丽的大厦宛如美丽的白色大理石,展示了各个时代、各个国家的风格……[69]

许多的观察者都能列举出这些，足以证明特殊的地理形态会给人带来不可磨灭的强烈印象。

因此，当我们关注人类感官的灵活性时，也应该充分认识到外部客观形态具有的作用同样重要。不同的环境，对注意力可能或吸引或排斥，对意象的组织辨别也是或促进或阻碍。这可能类似于具有适应性的人脑，对某些相关或无关的材料的记忆也有或易或难的区别。

杰卡德提到，在瑞士有好几个"典型场所"，人们在那里总是迷失方向。[36] 彼德森注意到在明尼阿波利斯市，每当道路格网改变方向时，他的意象就出现中断。[52] 特鲁布里奇发现大多数人在指认离纽约较远的城市时都会出现严重的混淆，不过奥尔巴尼⑥是个例外，它与赫德森河的视觉联系非常清晰。[76]

伦敦在 1695 年完成了一个名为"七日晷"的开发项目，七条街道汇聚到一个圆形连结点，中心建有一个刻着七个日晷的陶立克柱式，每一日晷面向一条放射性的街道。盖伊在他的"琐事"一文中曾谈到这个令人困惑的形状，不过在文中他暗示只有农民和愚蠢的外地人才会被它迷惑。[25]

马林诺斯基将新几内亚附近当特尔卡斯托群岛⑦上特殊的 Dobu 火山景观和 Amphletts，与特罗布里恩德群岛单调的珊瑚岛屿进行对比，形成了鲜明的对照。这些岛之间有正常的贸易往来，而 Dobu 地区集中了所有的神秘意蕴。他在书中描述了特罗布里恩德人对这种可意象火山景观的反应。在讲述从特罗布里恩德到 Dobu 的旅行时，他这样写到：

> 带状低地在特罗布里恩德以礁湖环绕、延伸，直至渐渐消失在薄雾中。前方南面的山脉越升越高……最靠近的是一个纤细的，有点倾斜的角锥体，名叫 Koyatabu，构成了一个迷人的灯塔，指引着水手向南航行……一两天内，这些离散、模糊不清的形态，在特罗布里恩德人眼中看来，是非凡的形状和巨大的体量，陡峭的岩石和绿色的丛林将会包围库拉⑧商人……特罗布里恩德人将航行在深邃阴暗的海湾……在透明的海水之下是一个奇异的世界，到处都是五颜六色的珊瑚虫、鱼群和海藻……还会发现奇妙的沉重密实的石头，形状各异，色彩绚丽，而在他们的家乡只有平淡的白色珊瑚石……此外，还有各种各样的大理岩、玄武岩和火山凝灰岩，以及有着锐利的边缘和金属般特性的黑曜石标本，布满赭石和黄土的场地……因此，在他们眼前呈现的是一片希望的土地，在这里发生的几乎都是传奇式的故事。[46]

同样，澳大利亚的"黄金时代"①道路，向四面八方穿越的大都是平坦的长满围篱树的草原，而传说中的营地、神圣的历史节点和关注焦点，似乎都明显地集中在两个完全不同的景观的环境中，它们是麦克唐奈和斯图尔特的陡峭山脉。

与这种原始景观的对比相仿，埃里克·吉尔将他的出生地——英格兰的布赖顿，与他长大以后居住的奇切斯特，做了一番比较：

在那一天之前，我从来不知道城镇会有形状，就像我喜欢的火车头，是具有特征和意蕴的事物……（奇切斯特）是一个市，一座城，有秩序、有规划——并不仅仅是集合了一些或多或少的脏兮兮的街道，像真菌那样，哪里有铁路网、岔道或是铁路货栈，它就在哪里生长……我只是知道在奇切斯特有，而布赖顿没有的东西，比如一个目标，一件事物，一处场所……奇切斯特的规划清晰明了……从古罗马时期的城墙看出去是绿色的田野……四条笔直宽阔的主路将城市分成几乎相同的四个区，其中居住区也同样被四条街分隔，几乎布满了十七、十八世纪的住宅……但是布赖顿，我们都知道……哎，实在是没有什么值得说的。想到布赖顿的时候，它就只是一个以我们家为中心的地方……别无其它。但当生活在奇切斯特时……它的中心并不是北城墙街 2 号，我家的位置，而是克罗丝市场。我们获得的不仅是一种市民的感觉，而且还感受到它有序的整体关系……布赖顿根本不是一个场所。在那里时，我从来都不知道还会有其它形式的城镇存在。[33]

前文曾提到，由于瑞安尼山的存在，蒂科皮亚岛在感知上非常明晰。一个特殊的形态是如何具体产生作用的？下面这段可能能够提供一个答案。

当一个蒂科皮亚人从家乡出发时，他对已走过的路途的估计是根据显露在地平线上蒂科皮亚岛的比例完成的。一共有五个尺度上的基准点，第一个是 rauraro，即海岸边的低地，看不见它时，航海者便知道自己已经驶出了一定的距离；当沿海岸各处升起的一些 200 到 300 英尺高的峭壁从视野中消失时，也就到了第二个基准点；然后是 uru mauna，环湖一连串的高约 500 到 800 英尺的山顶，将渐渐淹没在波涛中；当 uru asia（瑞安尼山脉等高线中的最后一处断层，约 1000 英尺高）在下沉时，航海者意识到自己已经远离海岸；最后是 uru ronorono，也就是瑞安尼山尖在视野中完全消失的那一刻，此时不禁让人感到一丝悲伤。[19]

借助这些非常特殊的景观轮廓，出海这一时常发生的分离过程，由公认的一些间隔组织起来,其中每一个都具有实用和情感上的意义。

福斯特小说中有一个人物,当他从印度归来进入地中海时,周围环境的纯粹的形态特征和可意象性,让他感到十分震惊:

> 威尼斯的建筑就像克利特岛®的山脉和埃及的田野,屹立在适宜的位置上。而在贫穷的印度,每一件东西都放错了地方,他早已忘记了那些寺庙的庄严和起伏的山脉的美丽。当然,没有形式,哪里会有美?⋯⋯在过去上大学时,他曾酷爱五颜六色的圣马克毛毯,但现在他发现了比马赛克和大理石更珍贵的东西,那就是人类的作品和承载它的地球之间的和谐、已脱离了混乱的文明以及合理形态中的精神,这一切都活生生地存在着。在给他的印度朋友寄明信片时,他感到他们所有人都将无法体会到他正在经历的快乐,一种形态的快乐。这已经构成了他们之间交流的严重阻碍,他们看到的仅仅是威尼斯的奢华,而不是它的形状。[22]

可意象性的缺点

一个高度直观的环境也可能有其不利的一面,充满神秘意义的场所可能会约束某些实际活动的开展。阿伦塔人宁愿面临死亡也不愿意搬到更好的地方居住;在中国,先人的墓地占据了十分奇缺的耕地;新西兰的毛利人则空置一些最适于作码头的用地,因为它们在神话中具有特殊意义。对土地越没有感情,开发也就越容易一些。在那些旧习俗排斥新技术和新需求的地方,即使是最节约的资源利用也会成为一种浪费。

盖根提到过阿留申的地名十分丰富,紧接着他还谈到一个有趣的现象。由于每一个细微特征都有自己特别的名字,以至于一个岛上的阿留申人常常不知道另一个岛上的某个地名。[26]一个极其特殊的系统,如果缺乏抽象性和普遍性,就会导致实际交流机会的减少。

可能还有另外一种结果,斯特雷露是这样谈论阿伦塔的:

> 景观的每一个特征,无论突出与否,都已经与这样、那样的神话发生了关联。我们于是能够理解文字的作用在此是多么苍白无力⋯⋯祖先留给他们的并不仅仅是未被开垦的一块土地,让他们根据自己的想象去填满各种生物⋯⋯传说故事已经有效地抑制了创造的冲动⋯⋯在许多世纪以前,土著人的神话就已经停止了发展⋯⋯总的

来说，他们是一些缺乏创见的保护者，与其说是原始的，不如说是一个衰落的民族。[75]

如果说理想的环境能够激发丰富、生动的意象，那么这些意象也应该方便交流，并适应变化的实际需求，由此才可能进一步发展新的组合、新的蕴含和新的诗意。我们的目标应该是一个可意象的、同时也是开放式的环境。

中国的风水理论，从一种非理性的角度，成为解决这一问题的特殊方法。[32]"风水"是受景观制约的一门复杂的学问，由"风水先生"进行系统阐述，它涉及到运用山、石、树木来控制邪气，在视觉上阻挡危险的关口，运用池塘、水道引入水的灵气等等。环境特征的形状表达着也象征着它其中蕴藏的各种精神，这些精神可能有用，也可能消极无用，它们或集中或分散，或深奥或肤浅，或纯粹或混杂，或虚弱或强壮，最终必须利用植物、选址、塔、石等对其进行控制和强化。可能出现的解释复杂多样，这也正是专家们在各方面进行探索的一个广阔领域。尽管这是一种"伪科学"，脱离了现实，但它有两个有趣的特征十分符合我们的理论。首先，它对环境的分析是开放式的，因此有可能更进一步地发展新蕴含和新诗意；其次，它引导人们对外部形态及影响进行使用和控制，强调人类能够预见、控制整个宇宙，并有能力改造世界。这为我们建构一个可意象的、同时又不压抑的环境，或许能提供一些方法和线索。

注　释

① 位于西南太平洋所罗门群岛中，古老的火山岛，岛上森林茂密。
② 太平洋西部群岛，由 963 个火山岛和珊瑚岛组成，陆地面积 1165 平方公里，居民主要是密克罗尼亚人，主要经济来源依靠输出椰干。
③ 位于西太平洋新几内亚岛的东南，巴布亚新几内亚的属岛。由 8 个珊瑚岛组成，陆地面积 440 平方公里。
④ 西非加纳的一个省。
⑤ 美国印地安人的一个部族。
⑥ Albany，美国纽约州的首府城市。
⑦ 位于西太平洋所罗门海西南部，巴布亚新几内亚的属岛，陆地面积 3100 平方公里，属火山岛群。
⑧ 密拉尼西亚群岛东南部特罗布里恩德岛民的交易制度，系土著语音译。
⑨ Dreamtime，指澳大利亚土著神话中的黄金时代。又作 alcheringa。
⑩ 位于地中海东部，属希腊。

为了把可意象性的基本概念应用到美国城市中，我们使用了两种主要方法，其一是在市民中抽样访谈，获取他们对环境的意象；其二是在实地对受过训练的观察者形成的环境意象进行检验。对这两种方法的评价仍存在重大的疑问，尤其是因为我们的研究目的之一便是发展一些适用的方法。由这个总的问题又派生出来另外两个不同的问题。(a)这些方法的可靠程度如何？当它们推导出一个特定结论时，真实程度如何？(b)它们的实用性如何？其结论对做规划决策有价值吗？我们想要的结果是否值得花费这些精力？

基本的办公室面谈对被访者的主要要求包括，徒手绘制城市的地图，详细描述城市中的多条行程线路，列出感觉最特别或最生动的部分，并做简要的描述。进行访谈的目的首先是为了验证可意象性的假设；其次是为了获取所涉及的三个城市的基本正确的公共意象，将其与实地考察的结果相比较，从而有助于提出城市设计的一些建议；再次是为了获取其它任一城市的公共意象提供一种快捷的方法。在这些目的中，除了对由此方法获得的公共意象的一般性存在疑问外，其它方面经证明都相当地成功，我们将在下文进行讨论。

办公室的访谈包含以下问题：

1. 当提到"波士顿"时，你首先想到的是什么？对你来说，什么可以象征这三个字？从实际意义上，你将怎样概括地描述波士顿？

2. 我们希望你能快速地画出波士顿中心地区的地图，从马萨诸塞大街向里，向市中心方向的那部分。就假设你正在向一个从没来过这里的人快速描绘这个城市，要争取尽量包括所有的主要特征。我们并不需要一张准确的地图，一张大致的草图就够了（采访者需要同时记录地图绘制的次序）。

3. (a) 请告诉我你通常从家到办公室所走的路线的完整的、明确的方向。想象你正在走这条路线，按顺序描述你将沿路看到、听到和闻到的东西，包括那些对你来说十分重要的路标，对外地人可能是非常必要的线索。我们感兴趣的是街道和场所的物质形象，假如想不起来它们的名字也不要紧。（在叙述行程时，采访者应仔细查问，必要时可以要求被访者作更详细的描述。）

(b) 在行程中的不同部分，你是否有特别的感觉？这一段会持续多长时间？在行程中是否有些部分让你感到位置无法确定？

（问题3还将针对其它一条或多条标准化的行程，向被访者重复提问，诸如"步行从马萨诸塞综合医院到南站"或者"乘车从范纽尔大厅到交响音乐厅"。）

4. 现在我们想知道，你认为什么是波士顿中心最有特色的元素，它们可大可小，不过要告诉我那些对你来说最容易辨认和记忆的东西。

（对于被访者回答问题4所列出的每个元素，分别要求他们回答下面的问题5。）

5. (a) 你能为我描述一下_____吗？如果你被蒙住眼睛带到那里，当取下蒙布时，你将运用什么线索来正确识别你的位置？

(b) 关于_____，你是否有什么特别的情感体验？

(c) 你能在你画的地图中指出_____在哪儿吗？（如果准确，）哪里是它的边界？

6. 你能在你的地图上标出正北的方向吗？

7. 访谈到此结束，不过最好还能有几分钟自由交谈的时间。余下的问题将随意在谈话中插入：

(a)你认为我们在试图寻找什么？

(b)对人们来说，城市元素的方位和识别它的重要性在哪里？

(c)如果知道所处的位置或是要去的目的地，你会感到快乐吗？反之，会感到不快吗？

(d)你认为波士顿是一座方便穿行、各部分容易识别的城市吗？

(e)你了解的城市中哪一座有良好的方位感？为什么？

这是一次相当冗长的采访,通常需要一个半小时左右,但几乎所有的被访者都兴致高昂,经常会动感情。整个访谈过程将被录入磁带,然后记录下来。不过这个看似笨拙的过程记录了所有的细节,连声音的停顿和音调的变化都没有错过。

调查地区的照片,打乱次序交给被访者,里面还夹了好几张其它城市的照片。首先要求被访者以他们认为自然的组合方式将照片分类,然后让他们尽可能多地辨认照片,并说出自己是运用什么线索识别它们的。之后再要求被访者将辨认出的照片都重新放在一张大桌子上,把每一张都布置在相对正确的位置上,就像是放在一张很大的城市地图上。

最后,将这些志愿者带到现场,去实地走一段在访谈中想象的行程,即从马萨诸塞综合医院到南站。采访者一路陪同,同时用手提录音机录音。要求被访者带路,并说明为什么选择这条特别的路线,指出沿路的所见,和那些让他感到自信或迷茫的位置。

作为对这一小组取样的室外验证,我们又在市中心人行道上随机向过往行人问路,进而研究他们给出的答案。一共选择了六个标准的目的地,它们是联邦大街、萨默街与华盛顿街的转角、斯科雷广场、约翰·汉考克大厦、路易斯堡广场和公共花园。同样,也选择了五个标准的起点,马萨诸塞综合医院的主入口、城北端的老北方教堂、哥伦布街与沃伦街的转角、南站和阿灵顿广场。在每个起点,调查者随意选择四五个路过的行人,向他们询问去往这些终点的路。有三个标准问题,包括“去_____怎么走”,“我到了之后,怎样才能认出它”,“步行到那儿需要多长时间”。

与这些被访者主观的城市印象相比较,那些航拍照片、地图,以及有关密度、使用或建筑形式的图表,看起来似乎是对城市物质形态正确的和“客观”的描述。如果不考虑其客观性,那么这些事物将过于肤浅,缺乏充分的概括性,并不能满足我们的需求。可评估的要素变化无穷,我们发现访谈最好的比较对象是另一位被访者的访谈记录。不过这种比较系统而严格,利用了分类方法,这种方法在以前的飞行员调查分析中已被证明十分有效。有一点非常清楚,被访者是在对一个共同的物质现实环境作出反应,最好的定义现实的方式并不是通过任何定量的、“实际的”方法,而是通过一些受过训练的观察者对实地的感知和评价,同时配合有一套迄今为止仍十分有效的城市元素类型。

现场分析则完全被简化,仅让一位事先受过城市可意象性概念教育的观察者,对整个地区进行徒步勘察。他需要绘出该区域的地图,指出标志物、节点、道路、边界和区域的存在、可见性以及相互关系,标出这些元素意象的强弱。随后还要进行几次穿越该区域的带着"问题"的行程,以验证他对整个区域结构的掌握程度。同时还要对该区域的元素按照重要性进行分类,"主要"元素都特别强烈、生动。他不断地扪心自问,为什么这些元素的个性有强有弱,联系有的清晰有的模糊?

在此绘制的地图并不是客观现实本身,而是一种概括,是真实形态以特定方式作用于受训观察者后的一种抽象的表达。当然,这些地图的完成与访谈分析无关,我们这种规模区域的地图绘制大约需要三到四个工作日。附录 C 中对两个元素的描述,将举例说明在形成意象时需要使用到的细节。

在最初的实地分析中,就产生了有关元素类型、组合以及何者能成为强烈特征的基本假设,这些假设在访谈中得到进一步的提炼和验证。我们的另一个目标是发展一种对城市进行视觉分析的手段,希望能够预测可能产生的城市公共意象。为了这两个目标,我们最终研究形成的方法被证明是有效的,只是它过于关注单个的元素,而没有强调它在复杂视觉整体中的形态。

图 35 至 46

图 35 至图 46 用图解说明的方法,绘出了这三个城市,分别通过口头访谈、徒手绘制的地图以及我们自己所做的现场调研,最终得到了这三个城市的意象。为了便于比较,每个城市的一套地图都使用了相同的比例和符号。

图 47,见 117 页

我们在此将分别对访谈和现场调研中获取的资料之间的关系作一些归纳。在波士顿和洛杉矶,现场分析后所做的意象预测,经证明与从口头访谈材料中得出的意象惊人地相似。在难以辨认的泽西城,现场分析的预测结果要比访谈总结的意象特征少大约三分之二。不过即使这样,两者得

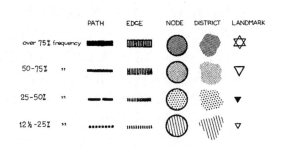

图 35 至 46

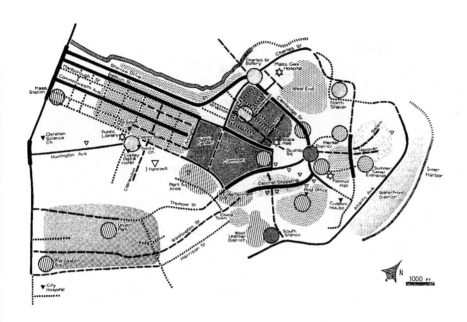

图 35　　从访谈中得出的波士顿意象

图 36　　从草图中得出的波士顿意象

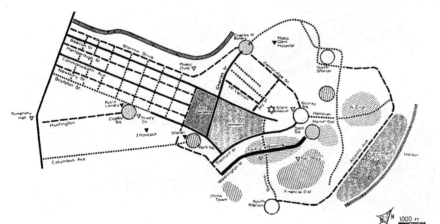

出的主要元素仍然几乎完全一致，此外，不同情况下元素的相对排名也保持高度稳定。步行进行的现场分析存在两个缺点，其一是容易忽略一些对机动车交通来说重要的较小元素，其二是容易错过一些区域内的次要特

111

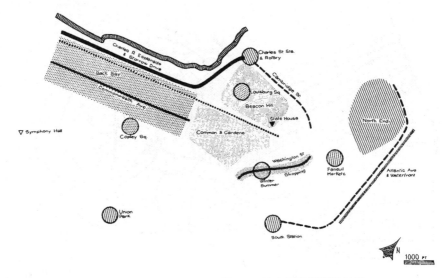

图 37　波士顿的区别性元素

图 38　现场勘察得出的波士顿结构图

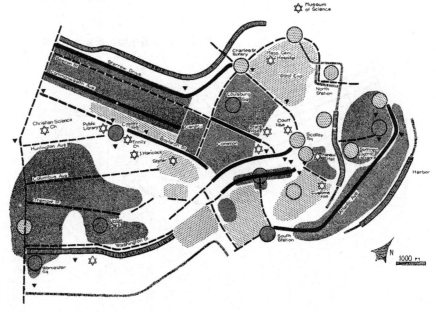

征，而这些特征有可能对其反映的某一特定社会阶层的被访者具有重要的意义。因此，我们的现场方法中如果能够补充机动车的调查，并充分考虑到"看不见"的社会威望的影响，以及在视觉无特征的环境里注意力被

112

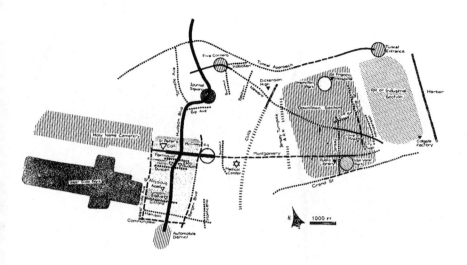

图 39　来自访谈的泽西城意象

图 40　草图中得出的泽西城意象

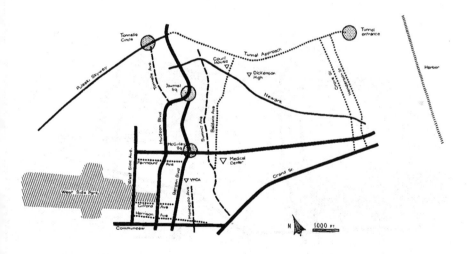

吸引的随机性,似乎就能成为一种成功的预测可能产生的意象的手段。

　　尽管在有些情况下,某个被访者的草图和访谈之间的联系相当少,但是在整体复合的徒手草图和访谈之间,却存在着良好的关系。此外,主要元素很少仅在单方面出现。徒手草图的起点似乎更高一点,也就是说,在访谈中出现频率最低的元素根本不会在草图中出现,一般情况下,所有图

113

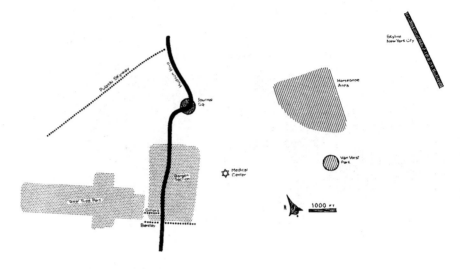

图 41　泽西城的区别

图 42　现场勘察的波士顿结构图

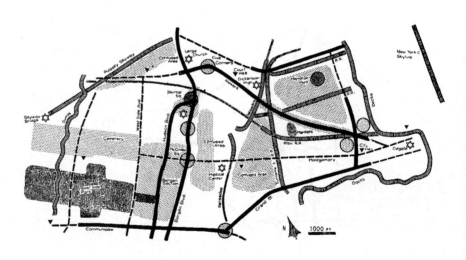

中元素的出现频率均少于它们被口头提及的次数，这种结果在泽西城表现得也非常突出。除此之外，草图似乎在一定程度上更强调道路，并且排除了那些虽能识别但特别难画或难定位的部分，例如"没有根基"的标志建筑，或是非常复杂的街道形态。但是这些缺陷相对次要，而且有调整的余地。关系到元素识别的复合草图，与口头访谈的结果极其相似。

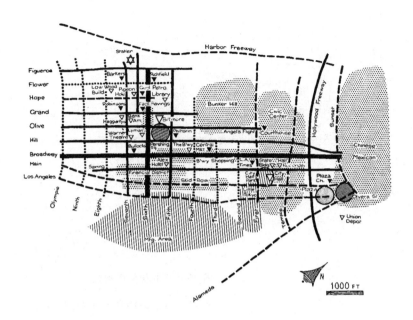

图 43　来自访谈的洛杉矶意象

图 44　来自草图的洛杉矶意象

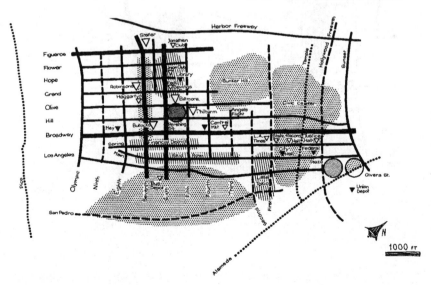

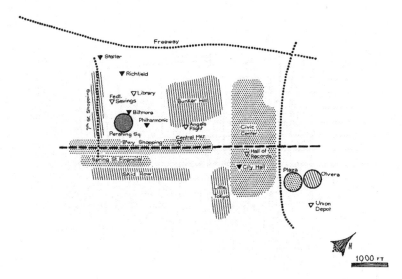

图 45　洛杉矶的区别性元素

图 46　现场勘察得出的洛杉矶结构图

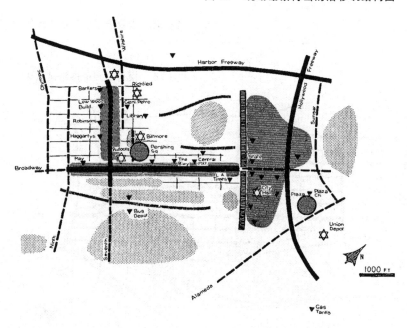

　　不过,草图和访谈结果之间的主要差异,仍然是集中在联系和整体组织方面。众所周知的重要联系会出现在草图里,其它许多都消失了。过分断续、变形的徒手草图,可能是因为人们对画图感到困难,而且把所有的

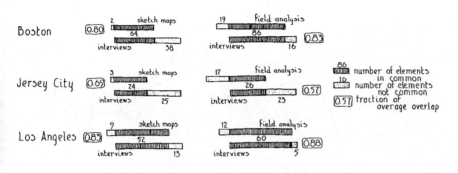

图 47　三种方法得出的相似之处

东西都同时集中起来也存在一定难度。因此，草图并没有很好地指示已知的联系和结构。

　　特殊特征的列表，排除了许多在草图中出现的元素，仅仅挑选了那些在现场分析或是访谈中出现次数最多的东西。综合各种方法，这一列表最终证明是最高级的一个步骤，它表达了一个城市中最重要的部分，即它的视觉本质。

　　识别照片的测试也有力地证明了访谈的结果。例如超过 90% 的被访者很容易就能认出联邦大街和查尔斯河的照片，特利蒙特街、中央公园、贝肯山和剑桥街的识别也很快。接下来被认出的照片是符合城市的形态，直到最后剩下难认的照片包括城南端、汉考克大厦的底层部分、城西端到北站区域以及城北端的小路。

　　我们在街头一共随机抽取了 160 个过路行人，向他们询问前面的那些问题，记录他们提到的元素，图 48 就是根据记录进行的图形汇总。这些匆忙采访所获得的复合意象，再一次与其它复合结果明显地相似，主要差别是这种意象相对地突出了从提问地点引出的道路。必须明确，我们涉及到的区域，在起点到终点之间存在一系列的可能路线（大致用虚线表示），图中这个地区之外的空白区域没有任何意义。

图 48，见118 页

　　尽管这些方法揭示了许多内在的一致性，但是针对采访取样的充分性仍然存在两个基本的批评意见。第一个问题是取样数量过少。在波士顿调查了 30 人，在泽西城和洛杉矶更是少到仅有 15 人，这就不可能从中进行概括总结，也不能说已经揭示的是这一特定城市的"真实"的公共意象。这是因为广泛的问询，长时间、大量的实验性分析，只能允许我们在小

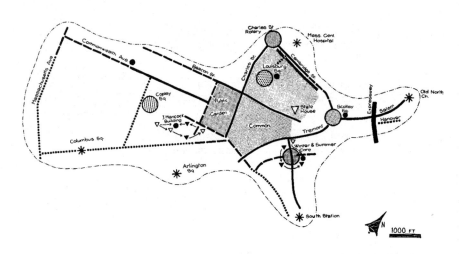

图 48　从街头采访中得出的波士顿意象

规模内进行取样研究。很显然,有必要进行更大规模取样的重新测试,这就要求有新的更快捷的、精确的研究方法生成。

　　第二个意见是取样的性质除了在年龄(成年以上)和性别上相当平均,其它方面不够均衡。要求所有的被访者都熟悉环境,不过将城市规划师、工程师和建筑师这样的专家排除在外。因为在准备阶段需要表达能力强的志愿者,结果被访者在社会阶层、职业分布上极不均衡,主要都是中产阶级的专业人士和管理人士,访谈结果也就必然存在着显著的社会阶层偏见。因此,在重新测试中取样不仅应该规模更大,而且应该更能够代表普通的大众。

　　此外,被访者居住和工作地点也并非真正的随机分布,虽然我们已经试图将这种偏差降到最低点,但结果仍令人遗憾。例如在波士顿的取样中,和社会阶层偏差有一定的关系,来自城北端和西端的被访者就很少。至于工作地点的集中,这一点不可避免也是事实,但居住地点的集中应该是可以矫正的。不过,目前似乎还没有迹象显示,被访者居住地点的完全随机分布,会和社会阶层一样,严重影响对城市的总体意象。被访者对一个地区无论是相对熟悉还是陌生,其意象都可能有强有弱。街头采访接触的人更多,在社会阶层分布上也就更近似于随机,他们在匆忙中提供的信息,基本上进一步证实了我们长时间访谈的结论。因此,对于调查取样的评论,可以进行如下总结:

　　首先,通过多个途径获得的资料的内在一致性,说明我们使用的这些方法,确实相当可靠地洞察了被访人群复合形成的城市意象,应该也同样适用于不同的城市。不同城市的意象不同,这一事实符合我们有关视觉形态起决定作用的假设。其次,尽管取样规模偏小,存在社会阶层偏见,以及某些位置分布不均衡,但有迹象表明,如此形成的复合意象仍然大致地接近真实的公共意象。当然在重新测试时,有必要进一步改善取样的规模和偏差。

　　因为取样数量少,就没有再试图进一步区分,比如研究不同年龄、性别等其它分类组群的个别意象。所有取样作为一个整体被分析,被访者的个人背景并未考虑在内,而只是注意到一些整体的一般偏差。毫无疑问,探究不同群体的意象差异也将会是一个有趣的课题。

　　迄今为止,我们的研究能够肯定的仅仅是存在一个一致的意象,当你不在那里时可以用它来描述和回想这个城市。这也许与真实作用于环境时使用的意象完全不同,检查这其中存在的差异性,只能是通过一些被访者的实地行程和那些街头采访。后者虽然有一定的局限性,而且仅限于口头的表述,但似乎承认了"回想意象"的存在。实地行程获得的结论模棱两可,它经常挑选一些与办公室访谈时不同但基本结构大致相同的路线。在现场录制的音带中,出现了更多详细的标志物。遗憾的是,这些录音由于技术原因,声音相当微弱,不那么令人满意。通过回想传达给另一个人的意象,与现场人们的不相互交流的意象之间,多半存在一定的差异。不过它们也可能并非截然不同,而是从一个逐渐到另一个的过渡。最起码的,研究资料显示了行为与可交流意象之间的相互关系,并指出了后者强烈的情感意义。

　　经过一些改进,我们预先假设的元素类型,包括节点、区域、标志物、边界、道路,通过研究资料大半都得到了证实。这并不是像原型一样,证实这种分类的存在性,而是证明这些分类能够有效、连贯、毫不费力地包容所有的资料。道路经证明在数量上是主导元素,我们调研的三个城市中,道路在所有类别元素中占有的百分比一直非常稳定。惟一不同的是在洛杉矶,人们的注意力从道路和边界转向标志物。对于一个以汽车为导向的城市,这是一个引人注目的变化,不过也有可能是由于缺少变化的格网道路造成的。

　　虽然我们有大量关于单个元素和元素类型的资料,但有关元素的相互关系、形态、序列和整体的资料相对缺乏。探讨更好的方法来研究这些重要的领域,是一项迫切的任务。

作为设计基础的方法

也许对这些普遍的批评意见进行总结的最好方式,是推荐一种意象分析手段,回避上面提到的各种各样的困难,使之发展成为任一特定城市进行未来视觉形态规划的基础。

这一过程应从两方面的研究开始。首先,由两至三位受过训练的观察者对实地进行全面的调研,以步行和乘车两种方式,分别在白天和晚上,对城市进行有系统的勘察,并辅以前文所述的一些带着"问题"的行程。最终形成的实地分析地图和简要报告,将会涉及到意象的强弱以及整体和部分的形态。

与此并行的另一个步骤是进行大范围的采访,取样争取能够涵盖整体的人口特征。对取样的采访可以同时进行,也可以分成几个组来完成。被访者将被要求做以下四件事情:

1. 快速画出所问地区的草图,标示出最有趣和最重要的特征,能够向初来者提供充足的信息,使他出行时不会有太多的困难。
2. 根据一两条想象中的行程,画出沿途线路和事件的近似草图,行程的选择应该能够覆盖区域的长度或宽度。
3. 书面列出城市中感觉最有特色的部分,采访者应解释什么是"部分"和"有特色"。
4. 书面写出"_____位于哪里"之类的几个问题的简要答案。

接下来对测试结果进行总结,统计元素被提及的频率及相互联系,分析绘图的先后顺序、生动的元素、结构的意义以及复合的意象等等。

然后把实地调研与大量采访的结果相互比较,研究公共意象和视觉形态之间的关系,对整个地区意象的强弱进行第一轮分析,以此确定一些值得进一步关注的关键点、关键序列和形态。

下一步即开始对这些关键问题进行第二轮的调查研究。选择少数人进行单独的访谈,要求他们确定某些关键元素的位置,在一些简短的、想象的行程中运用这些元素,同时加以描述,画出这些元素的草图,并讨论他们对这些元素的感情和记忆。其中几个被访者将会被带到这些特殊地点,实地完成一次涉及到这些元素的简短行程,在现场还要进行描述和讨论。至于询问从不同起点去往某个元素的路线,也可以通过在街头随机抽样来完成。

在分析了第二轮研究的内容和问题之后,将对这些元素进行同等深入细致的实地调研。在现场不同的光线、距离、行为和运动的条件下,详细研究其个性和结构。这些研究将利用访谈的结果,但并不会局限于这些内容。附录 C 中对波士顿两个元素的细致研究,已成为可借鉴的范例。

所有这些资料最终将综合形成一系列的地图和报告,以此产生出地区基本的公共意象,说明一般的形象问题和强度,以及关键元素和元素间的相互关系,及其细部特征和变化的可能性。适应时代,不断进行修正的这一分析过程,将会成为地区进行未来视觉形态规划的基础。

未来研究方向

上面提到的批评意见,和前几章的许多篇幅,都指出了一个尚未解决的问题。下一步需要做的一些分析工作显而易见,不过仍存在一些难以把握但十分重要的问题。

我们接下来迫切需要完成的,是运用刚才所述的分析方法,进行更恰当的人口取样测试。由此得出的结论将更加合理、可靠,同时能进一步完善适用于实践的手段。

我们实际研究了三个城市的环境,如果在更大范围进行比较,对被访者的了解也会更加丰富。城市的环境多种多样,有的很新,有的很老,有的紧凑,有的分散,有的密集,有的稀疏,有的混乱,有的严整,因此其意象特征也千差万别。为什么一个乡村的公共意象会有别于曼哈顿?一座湖滨城市会比铁路沿线的城市更容易形成概念吗?这种研究将汇总成一个有关物质形态作用的资料库,城市的设计师可以参照其进行工作。

如果将这些方法应用于不同尺度或不同功能的环境里,比如一幢建筑、一处景观、一个交通系统或是一个山谷地带,会和在城市里一样有趣。就实际工作需要而言,最迫切的是在大都市范围应用和调整这些观念,这一点目前超出了我们所感知的范围,似乎遥不可及。

关键的差别很可能同样源于观察者自身。当规划成为一门世界范围的学科后,规划师开始为其它国家做一些工作时,我们有必要明确,在美国发现的这些观念并不仅仅是地域文化的衍生物。试想一个印度人会如何看待他的城市?意大利人呢?

这些差异不仅在国际实践中，而且在本国范围内也会给分析家带来一定困难。他可能会受到地域思考方式的禁锢，尤其是在美国，可能还会受到自身社会阶层的限制。如果说城市是为了满足众多群体的使用需求，那么了解各主要群体建立环境意象的方式就显得十分重要。同样，了解个性类型的重大差异性也很重要。然而我们目前的研究仍局限于取样的共同特性。

如果让那些使用静态分级体系与使用动态展开联系的意象进行比较，是否会出现一些意象类型呢？让那些具体的意象和抽象的意象相比较呢？比如它是稳定、不可转移的类型，或仅仅是特殊训练或环境作用的结果呢？这类研究将非常有意义。更进一步还应研究的内容包括，这些类型是如何相互关联的？一个动态的意象体系也能具有定位结构吗？同时，可交流的记忆意象与现场操作时使用的意象两者之间的关系，也应该进行调查。

所有这些问题并不仅仅局限于理论方面。城市是许多群体的生活场所，只有分别了解群体和个体的意象以及它们的相互关系，才能建构一个让所有人都满意的环境。在认识到这一点之前，设计者还必须继续依赖共同特性或公共意象，另外还需要提供尽可能多种多样的类型意象的构造材料。

目前的研究仍局限于某个时间点存在的意象。为了更好地理解它们，我们应该了解意象的形成方式，诸如一个陌生人是怎样建构一个崭新的城市意象的？一个孩童对世界的意象是怎样形成的？这些意象是如何教授和传达的？什么样的形态最适于意象的形成？一座城市应该既具有一个能让人很快掌握的明显结构，又具有一个潜在的结构，可以让人们逐步地建立起一个更加复杂的、全面的意象。

接连不断的城市改造产生了一个共同的问题，即如何调整意象以适应外界的变化。今天的居民流动性更大，迁移更为频繁，如何经历剧变又能保持意象的连续性，就成为一个十分重要的问题。意象怎样随变化调整？调整的范围有可能多大？何时会忽略甚至歪曲现实以保留意象地图？何时意象会中断，代价又如何？如何通过形体的连续性来避免意象的中断？或者一旦中断发生，如何促使新意象的形成？建立适应变化的、开放的，在面对现实压力时坚韧而更具弹性的环境意象，是一个特殊的问题。

这再次涉及到一个事实，意象不只是外部特征的结果，而且也是观察者的创作，因此通过教育有可能会改善意象的特性。可以引导人们进行一项实地的学习，通过一些设施，比如博物馆、讲座、城市漫步、学校课题等等，教会人们如何在城市环境中拥有良好的方位感。同时可能还要利用某些符号设施，比如地图、招牌、图表和指路机等等。一个表面上无序的物质世界，如果能发明一种象征性的图解，说明各主要特征之间的关系，帮助意象的形成，那么这种表面的无序就可以得到澄清。展示在伦敦的各个地铁站台的地铁系统图解地图，就是这样一个很好的实例。

上面已经多次提到了未来最重要的研究方向，即如何从一个整体领域来理解城市意象，并探究各个元素、形态或序列之间的相互关系。城市感知在本质上是一种时间现象，其对象是一个尺度非常巨大的物体。如果环境是作为一个有机的整体来感知的，那么弄清楚各部分直接的环境关系仅仅是第一步，更重要的是寻找理解和巧妙处理整体的方法，它至少要能够解决序列问题并阐明形态。

最终这些研究的一部分在某些方面有可能进行量化分析，例如，确定一个主要城市方向需要多少信息？或者相对的冗余度有多少？还可以调查识别的速度，满足安全感需要得到的重复信息，以及一个人能够保留的环境信息量。这反过来又联系到前文所说的符号设施和指路机的潜能。

不过看起来工作的核心好像与数量无关，至少在一段时间内，形态和序列仍将是主要的研究方向。它们涉及的将是复杂的、暂存的形态的表现手法。尽管这是技术上的问题，但仍属于有一定难度的基本问题。在这种形态能够被理解和运用之前，需要寻找代表其本质的方法，以此不必重复最初的体验就可能相互交流。这仍是令人相当困惑的一个问题。

我们对问题最初的兴趣是为了控制物质生活环境，因此在具体设计的问题中试验这些观念，也应是未来研究的重要课题。应该开发可意象性的设计潜力，并检验它是否能够形成城市规划设计的基础。

至此，未来研究最有意义的课题应该包括这些概念，将这些概念应用于大都市地区，并延伸到对主要群体差异性的关注，适应变化的意象发展和调整，作为一个完整、暂存的形态的城市意象，以及可意象性概念的设计潜力。

图 49,见125 页

　　我们应该把波士顿的两个相邻地区，即高度可识别的贝肯山地区和位于其下面混乱的斯科雷广场节点,拿出来作为实例,研究可创造城市元素的详细视觉分析类型,以及这种分析与访谈结果的关系。图 49 表明了这两个元素在波士顿市中心地区所处的战略性位置,以及它们与城西端、中心商业区、中央公园、查尔斯河之间的关系。

贝肯山

图 50,见125 页

　　贝肯山是城市中最终保留下来的原始山丘之一，它位于商贸中心与查尔斯河之间,横亘在南北交通要道之中,从城中的许多地方都能看得见它。在区域地图上详细标明了山上的路网和建筑分布情况。这是一个特殊的地方，它位于一个美国城市中更显得非同寻常。这里保存完好的有 19 世纪早期的遗迹,依然有人居住而且充满生气,一块静谧、宜人的上流社会居住区,与大都市的绝对中心毗邻存在。在访谈中,这个相对鲜明的意象又得到了强化。

　　大家一致认为贝肯山独一无二,从远处都能看见,感觉是波士顿的象征。众所周知,它位于城市中心位置与市中心区相邻,贝肯大街将其清晰界定,街另一侧就是中央公园。很自然地,剑桥大街将其与城西端隔开,大多数被访者都认为它在查尔斯街就终止了,少数人有些犹豫,觉得下面的一些地区也应该包括在内,几乎每一个人都能意识到它与查尔斯河的联系。第四条边界不太确定,通常是说在乔伊大街或鲍德温大街,不过这里

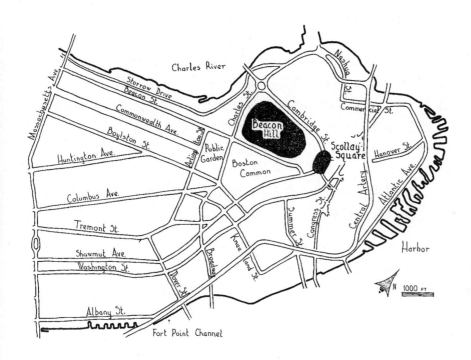

图 49　贝肯山和斯科雷广场位置

图 50　贝肯山的街道和建筑

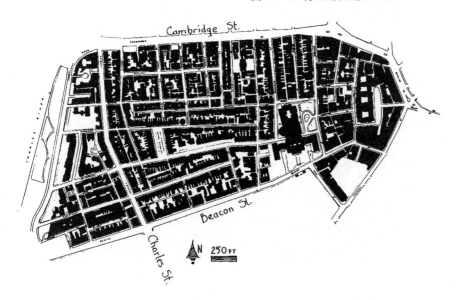

本身就是一个混乱的地区,"无缘无故"地就下到了斯科雷广场。

从内部看,它似乎可以分成两个部分,"后部"和"前部",无论从表面上还是从社会地位上,都以默特尔大街为界。整个路网系统在意象中一般都平行而且整洁,或称作整齐,只是组织得不好,很难穿行。"前部"是由几条平行街道组成(其中弗农山街最常被提及),两端分别是路易斯堡广场和州议会大厦。"后部"一直通往剑桥大街,乔伊大街似乎成了重要的交叉连接点。贝肯大街和查尔斯大街被看作是整体的一部分,剑桥大街却被排除在外。

超过半数的被访者在表述他们对贝肯山的意象中使用了下面这些词语(以使用频率递减为序):

> 一座鲜明的山
>
> 狭窄的、石砌的街道
>
> 州议会大厦
>
> 路易斯堡广场和花园
>
> 树木
>
> 漂亮的老房子
>
> 凹入的门廊

还有一些经常提到的,比如:

> 砖砌的人行道
>
> 鹅卵石街道
>
> 河岸的景观
>
> 一块居住区
>
> 肮脏和垃圾
>
> 社会阶层的差异
>
> 后部街角的商店
>
> 封闭、弯曲的街道
>
> 围栏和雕塑,路易斯堡广场
>
> 各种各样的屋顶
>
> 查尔斯街上的招牌
>
> 州议会的金色穹顶
>
> 紫色的窗户
>
> 形成对比的一些公寓住宅

下面这些内容则至少有三个人提到：

> 停放的轿车
>
> 凸窗
>
> 铁花装饰
>
> 拥挤的住宅
>
> 古老的街灯
>
> 一种"欧洲"风味
>
> 查尔斯河
>
> 能望见马萨诸塞综合医院
>
> 在"后部"玩耍的孩童
>
> 黑色的百叶窗
>
> 查尔斯街上的古玩商店
>
> 三四层的住宅

即使凭借那些在街上匆忙的、随意的打听问路，我们也得到了大量的评论，这主要包括：它是一座山，人们需要沿着道路或是台阶向上才能到达；具有标志性的是州议会大厦的金色穹顶和大台阶；贝肯大街是它的一条边界，另一侧便是中央公园；其中有路易斯堡广场，广场上还有一个围起来的小花园。还有一些超过一个人提到的内容包括：山上有树木，是高级居住区；靠近斯科雷广场；乔伊、格罗吾和查尔斯大街都位于其中。这些评论，虽然简短，但与那些深入访谈的结果也基本一致。

我们来观察一下位于这些意象主题背后的客观事实。这个区域的确与一个独特鲜明的山丘刚好重合在一起，它最陡的坡朝向查尔斯大街和剑桥大街，这个坡一直经过剑桥大街快到了城西端，但事实上陡坡部分，即道路竖曲线的变坡点早就过去了，这个变坡似乎是更重要的视觉形象。坡的边界正好卡在查尔斯大街，这就使得上下两部分的结合非常困难，我们不久也会发现这一点。不过在另外两边，边界向上到了半山坡，贝肯大街有一半都位于坡上，中央公园无疑更是由同一个地形特征延续过来的。然而，空间和特性的改变如此鲜明，足以超越这种地形上的模糊，虽然地理意义上的山丘是从特利蒙特大街开始的，而"贝肯山"却清清楚楚是从贝肯大街开始的。

在东边又是另外一种情况，大部分的山体被过分拥挤的商业用途占据，以至于把斯科雷广场放在了山坡上，斯古尔街的坡度很陡。在这里现

图 51，见 128 页

状的地形被忽略了，既不存在大的开放空间，使人们能够看清发生的事情，也没有强大的特征变化，能够让人忽略地形的连续性，这无疑就造成了贝肯山这一侧的意象的模糊不清，以及斯科雷广场空间的混乱。

图 51

在贝肯山内部，无论是视觉上还是通过体力或是平衡的感受，始终能感觉到坡度的存在。在山的"前部"和"后部"，街道的坡度主要朝向两个不同的方向，更强化了这一地区的分化。

图 52，见129 页

位于山前部的开发建设形成的空间特性非常明了，沿街建筑的连续的廊道，处处给人一种宜人的尺度感觉；建筑的立面近在眼前，通常都是三层的连排住宅，让人觉得似乎都是一些独门独户的居所，很难分辨它们是单元住宅还是公寓，或是一些公共机构。然而在这些有限的特征当中，仍然存在比例上的重要差异，如街道断面所示。尤其是弗农山街在路易斯堡广场上部的明显变化，北侧一长排的"大"别墅，后退让出了屋前的小院，这是一个引人注目的可喜变化，它并没有打断整体的连续性。

到了山后部，街道空间比例的变化十分显著，建筑变成四到六层高，显然不再是独门独户。由于山坡的这一侧朝北，能照进街道的阳光更加稀少，沿街的廊道空间变得更像是在谷底。这些对空间的比例、阳光、坡度以及社会内涵的感受，成为该地区内最基本的特性。

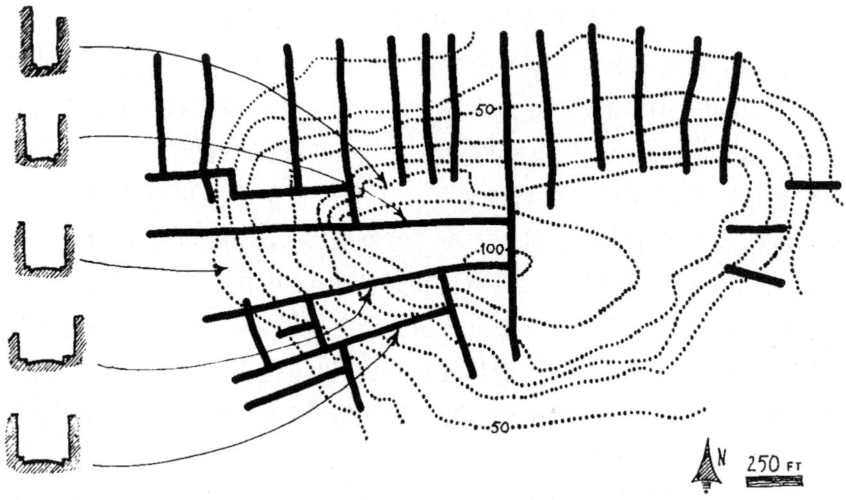

图 51　陡的街地形图

图 52　从查尔斯街看 Chesfnut 街

　　图 53 和图 54 标识出了其它几种能够体现贝肯山意象的主题元素布局，应该再次说明这些基本上都是山前部的特征。那些散布的砖铺便道、街角小店、凹入门廊、铁花装饰、树木，在某种程度上还有那些黑色的百叶窗，都说明了山前部的与众不同，以及与后部的差别。这些主题的集中和重复，还有良好的维护，比如磨光的铜饰、鲜亮的粉刷、清洁的步道、整齐的窗户，形成了一种聚集效应，给贝肯山的意象更增添了一定的活力。

图 53 和 54
见 130 页

　　凸窗可能算不上什么特征，不过在坡下平克尼大街的其中一段，与贝肯山联系在一起的紫色凸窗，在别的地方很少出现。类似的还有鹅卵石铺砌的路面，也只是在路易斯堡广场和昏暗的阿考恩街出现过又短又窄的两条。红砖更可以算得上是通用的建筑材料，在波士顿不能说是独特，但在此它设置了一道连续的色彩和纹理的背景。古老的街灯遍布整个地区。

图 55，见 131 页

　　山上那些分区，每一个都由空间、坡度、功能、层数、植被等形象特征，以及诸如门洞、百叶窗、铁饰之类的细部特征，清晰刻划得栩栩如生。一般这些特征集中在一起，更强化了分区之间的差异。因此在人们意象中，山前部是一片急坡，向查尔斯大街的区域，拥有尺度宜人的沿街廊道，装饰豪华、精心维护的上流社会住宅，有阳光、行道树、鲜花、砖铺便道、黑色百

图 56，见 132 页

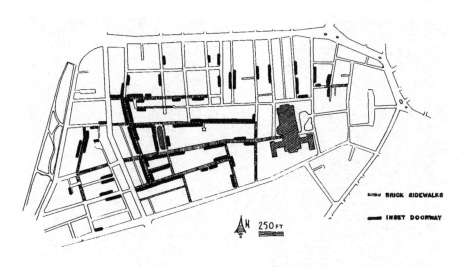

图 53　砖铺便道和凹入的门廊

叶窗、凹入的门廊,街上还有女仆、司机、老太太和漂亮的轿车;山后部坡
向剑桥大街,阴暗似谷底的街道空间,两边林立的是呆板、破旧的公寓楼,
点缀着一些街角的商店,街道肮脏,小孩子们就在路面上玩耍,在红砖建
筑中零星出现了一些石头建筑,树木不再沿街种植,而是栽到了建筑物的
后院里。

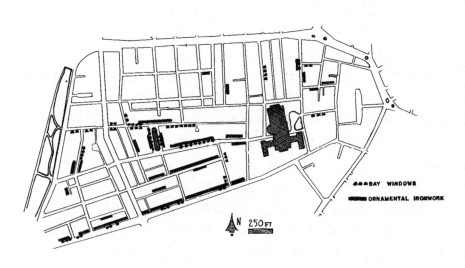

图 54　有铁花装饰的地区

在贝肯山低处,查尔斯大街与查尔斯河之间,有许多特征和山前部十分相似,比如植被、红砖、便道、凹廊和铁饰,但是由于没有坡度,以及查尔斯大街的阻隔,它成了一个过渡地带。查尔斯大街凭自身的地位就可以独立成为一个分区,它是一条有特色的商业街,卖一些相当昂贵或是带有怀旧风格的商品,买家大都是山上的住户,那些古玩商店的出现也正是说明了这一点。行政分区从大体量的州议会大厦开始,使用功能、空间尺度和街道活动都发生了彻底的变化。在迪恩街下面,汉考可街与萨默塞特街之间的部分,属于一个过渡区域,这里虽然有和贝肯山相同的一些特征,比如斜坡、红砖便道、凸窗、凹廊,还有铁饰,但它被孤立开来,商店、教堂和居住建筑混杂在一起,建筑的维护状况也显示这里的社会阶层要低于山前部的住户。由于缺乏明确的边界,给人们意象这一侧的贝肯山形状带来了更多的困难。

图 57,见 132页

交通流线带来的影响也值得我们注意,总的来说这里缺少必要的道路。由于现状,山前部与后部之间存在阻隔,而且通常去山两侧走的方向

图 55　贝肯山的主要街区

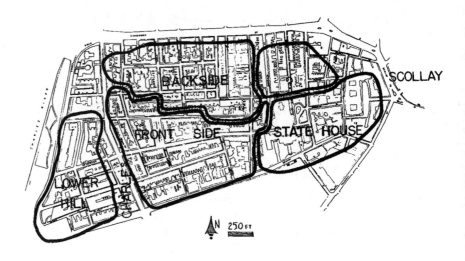

图 56　贝肯山上的分区

图 57　有商业用途的标志

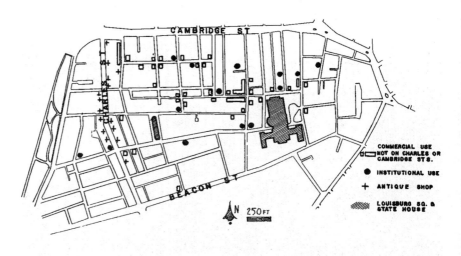

也不同,都使得山的两边各自独立。州议会大厦将鲍德温大街与居住区分隔开,只留下拱门下面一条乱糟糟的通道,这似乎是从东面过来的最不可能的一条路。在更大程度上,由于下山去斯科雷广场非常困难,使得广场的位置相对于贝肯山来说总是"飘忽不定"。

另一方面,贯穿其中的街道,弗农山、乔伊、鲍德温和查尔斯街,具有更加重要的意义。虽然所有的街道在布局上都是规则的,虽然上述的这些街道实际上都是畅通的，但表面上看似乎被阻断，这更增添了该地区紧密、宜人的特色。乔伊、鲍德温、平克尼街是由于道路竖曲线的变化被打断的，弗农山、塞德和查尔斯大街是因为水平方向的微小转弯而被中断的，余下的其它道路都是死胡同，所以在任何一点你都不可能看穿。

尽管如此，在贝肯山上还是能看到一些很好的景观，尤其是能够像在碉堡上一样纵览查尔斯河，还有从坡顶向下看栗树街、弗农山街、平克尼、默特尔和里维尔街等，以及街道陡坡上呈现的景观。从弗农山街向下穿过沃尔纳特街，可以欣喜地瞥见中央公园。所有南北向的后部街道，都能够向北饱览城西端的上空，只是那些建筑的屋顶没有什么精彩之处，惟一特别的是从安德森街(前后塞德街和乔伊街之间仅有的联系通道)向下可以看见布尔芬奇医院的旧址。沿平克尼街向上走，能够令人惊讶地看见一座废弃的海关钟塔；沿栗树街向上，则是看州议会金色穹顶的一个十分漂亮的角度。

当然，州议会是贝肯山上一个基本的标志物，它独特的形状和功能，还有靠近山顶的位置，以及从中央公园能够清晰看见它的特点，都使它成 图58
为整个波士顿中心地区的重要建筑。路易斯堡广场，作为前部较低处的一个小居住区节点，也是基本的地点。表面上看它并不显眼，也没有靠近山

图58　州议会

133

图 59

顶或山脚，几乎没有什么特别的东西能够锁定它，因此它从未被用来作定位标识，而只被认为是在山中的"某个地方"，是一个极端"粗略"的位置特征。事实上我们应该注意，为什么山前部的所有主题都集中于此，而且呈现出最纯粹的形态？广场本身是一个规则的空间，不但对比而且衬托了整个地区的空间特征。它包括很少但是非常有名的一块鹅卵石步道，还有围合的一处浓绿的花园，之间点缀着一些雕像，郁郁葱葱的树木和围栏给人"不许进入"的暗示，都使它更加吸引人们的注意力。有趣的是，尽管位于"山中某地"的这种特征使路易斯堡广场在整体结构中很难明确地定位，但它似乎并没有影响广场空间本身形象的牢固性。

图 57，见132页

　　在整个区域结构中还有几个标志物具有一定的重要性，其中一个是位于弗农山街和查尔斯街的宇宙神教堂，它的位置和尖顶都引人注目；还有位于迪恩街面朝州议会大厦的萨福克法律学院，使行政分区的范围和体量特征得到进一步的加强；新英格兰药学院，挤插在弗农山街的居住特征空间中；还有位于平克尼街与安德森街交汇处的卡耐基研究院，打断了连续的住宅立面，也标志着通往山后部的入口。山上还有一些其它的非居住功能建筑，但它们都很好地融入到整个大背景中去了。位于山外部又能够从山上看见的标志物几乎不存在，因此整个山的内部结构只好依赖于

图 59　路易斯堡广场

自身来解决。

贝肯山与城西端的联系通过一条鲜明的边界，我们讨论过它与斯科雷广场的过渡十分含糊。所有人都很清楚它面临中央公园，但应该补充说明，事实上两者间的直接联系非常薄弱，除了查尔斯街、乔伊街和沃尔纳特街，联系它们的其余街道都是中断的，能够看见大片绿树景观的角度也非常稀少。如果道路或是某个开口空间正好垂直于贝肯街，你会发现山上的植被并没有像公园里那样郁郁葱葱。

几乎每个人都能感受到与查尔斯河的一些联系，顺着东西向的街道向下看会有很好的河道景观。但具体的连接其实非常模糊，因为低处区域的界线模糊不清，河滩变得平坦开阔，斯托罗大街的阻隔让人很难接近河岸。与查尔斯河的联系，位于山顶时感觉非常明显，但当你慢慢靠近河岸时，却反而消失了。

尽管贝肯山上的居住人数有限，但在整个城市范围内，它仍然起着非常重要的作用。它的地形、街道空间、树木、社会阶层、细节、维护标准，都与波士顿其它任何一个地区大相径庭。能称得上最为接近的是北碛区，有着类似的建筑材料、植被和联系，在一定程度上相似的用途和地位，但是它们的地形、细部和维护标准不尽相同，不过把这两个地区混为一谈的情况也时有发生。另一个可能有相似性的是位于城北端的科普斯山，也是坐落在山上的一个老居住区，但它的社会阶层、空间和细部都与贝肯山截然不同，而且缺少树木，更不存在边界。

因此我们可以说，贝肯山这个独特的区域，位于城市中心地区，引人注目，连接了北碛区、中央公园、中心区和城西端，潜在地控制着整个中心区域并成为焦点。同样潜在地解释说明了查尔斯河出现的转折在整个城市结构中十分重要，否则会让人无从想象。从剑桥区看波士顿，贝肯山的作用更是重大，它不但形象生动，而且详细地说明了全景画面中出现的各部分的先后顺序，即北碛区——贝肯山——城西端。因为贝肯山是逐渐升起的，而且进入其中有一些阻碍，除了从城西端和中央公园，在城市的其它地方都无法看到它的整体。作为一个交通障碍，它引导着车流环绕其山脚行进，将人们的注意力集中在环行的街道和节点上，也就是查尔斯大街、剑桥大街和斯科雷广场上。

经证明，贝肯山是由于物质特征的支撑，形成了受人欢迎的强烈意象，其中包含了许多有关道路、坡度、空间、边界分布和细部特征积聚而形成意象的例证。但无论如何，它仍然呈现了一些作为主导意象似乎不该具有的特征,诸如内部的分化,以及与查尔斯河、中央公园和斯科雷广场之间联系上的缺陷,还有在向整个城市宣传它的杰出形象,尤其是外部形象时,略显不足。但尽管如此,这个特殊城市意象带给人们的力量和满足,以及它的连贯、博爱和欢娱,仍然不容置疑。

斯科雷广场

图49,见125页

图60,见137页

　　斯科雷广场完全是另外一种情况,作为节点,其结构生动,但似乎又很难进行定义或描述。从图49中,我们可以了解它在波士顿所处的位置,和作为交通枢纽的战略地位。图60是广场附近更详尽的一张地图,显示了它基本的物质特征。

　　斯科雷广场在公众心目中的意象,是位于环贝肯山的道路上,是联系中心区与城北端之间的一个重要节点,与它连接的有剑桥大街、特利蒙特大街、考特街(亦或是国政街),还有一连串的街道分别通往道克广场、范纽尔大厅、海玛凯特广场和城北端。汉诺威街曾一度由此直通城北端,但现在被阻塞了,也变得让人迷惑。有时人们甚至会把斯科雷广场延伸到将鲍德温广场也包括在内。

　　除了那些轻车熟路的人,一般很少有人能记住通往佩姆伯顿广场的入口。不过,剑桥大街与广场的连接十分清晰,连接的曲线也非常生动。一旦进入特利蒙特街,就能够明确地认出它,但其入口很不显眼,又时常拿不准。许多被访者都认为华盛顿大街也通向斯科雷广场,而且总是弄不清特利蒙特街、考特街、国政街以及想象中的华盛顿大街之间的关系。大家除了都知道汉诺威街被阻断了,没有人能同时知道或分辨通往道克广场、城北端和海玛凯特广场的道路。总的来说,人们似乎都能很快找到路,该转弯的时候转弯,直到走到山下。贝肯山和斯科雷广场之间的位置关系最为重要,山在高处,而广场是在半山腰的一处坡地上;剑桥街和特利蒙特街的方向平行于等高线,其余的街道都垂直于等高线。

　　广场没有确定的形状,很难想象。虽然与鲍德温广场相连的一端还有点与众不同,但人们还是说它"只是一些街道的交汇处",主要特征就是位于中心部位的地铁出入口。人们普遍认为,这里的功能处于社会的边缘,泛滥着一种破败的、低级趣味的氛围。

　　超过半数的被访者同意下面这些有关斯科雷广场的描述:

剑桥街与广场相连,逐渐弯曲、变细;

广场位于半山腰,上下山的路都集中在这儿。

超过四分之一的被访者认为:

特利蒙特街与之相连;

中间有一个地铁出入口;

汉诺威街与之相连;

考特街(亦或是国政街)从广场引出,曲折下山。

至少有三个人有如下的描述:

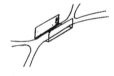

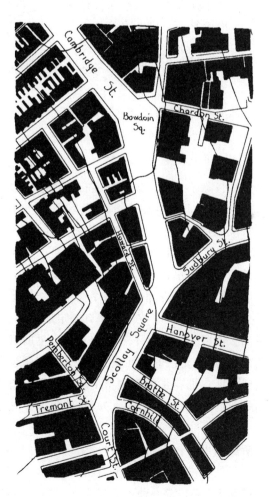

图 60　斯科雷广场的街道和建筑

有道路向下通往道克广场和范纽尔大厅；

周围有酒吧；

与华盛顿大街的联系让人感到有些糊涂。

在街上问路得到的是如下这些频繁出现的评论：

它位于地铁线上；

特利蒙特街与之相连。

街头问路中有 2 到 4 人提出下面这些看法：

剑桥街与之相连；

华盛顿大街与之相连；（错误）

中间有一个地铁出入口；

道路从上下两侧与之相连；

从城北端过来的道路与之相连，在远处位于干道下面；

影剧院；

一个"波士顿广场"，只是一些道路的交汇处；

一个"大"广场，一个"大空间"；

一端有停车场。

　　显然，除了列举出的一些连接的道路，大多数的描述抽象且时常混淆，这些评论比起贝肯山来可以说少得可怜。不过斯科雷广场虽然表面上比较暗淡，但在波士顿它仍然充当着关键的结构角色。

图 60，见137 页

　　事实上平面规划中的斯科雷广场是一个相当有序的空间，在严格意义上是从萨德伯里街到考特街的一个扁长方形，不规则地与一些小街道相连。在平面中，道路系统呈一个简单的纺锤形，附带在一侧伸出三条路，在另一侧伸出两条，应该说还是有一定道理的。然而在空间现实中，序列就不那么明显了。参差不齐的边界和大量的机动交通把整个空间分隔得

图 61，见139 页

支离破碎，倾斜交错的路面也让人烦恼。如果说有什么东西能够给人一些稳定感的话，那就是位于剑桥街和萨德伯里街的夹角处的面向广场的巨大而华丽的广告牌，虽然不太好看，也算是广场空间的一个明确的结束标志。

　　萨德伯里街作为纺锤形的一个"臂"，看起来相对次要，同时一堆的街道入口无从分辨，造成了这里道路形态的含糊不清。在整个广场和与之相连的道路上，都会有一种位于半山腰的感觉，再加上已经丧失了空间的稳

定感受，因此与看不见的地方的联系就成为首要的关键。

广场的空间继续向西北方向延伸，通过宽阔的剑桥大街与鲍德温广场又连在了一起，鲍德温广场更确切地说是一个交叉口，是剑桥大街上的一处空间变形。位于鲍德温和斯科雷广场之间的空间更是完全的无拘无束，几乎到了如果不跟随车流，就无法保持方向的地步。来来往往的行人、车辆是这个地区给人的主要印象，广场中始终挤满了汽车，不用看别的特征，只要看哪条路车多，便知哪条是主路。

在广场内部的有形建筑中，几乎没有东西能让人感到具有同样的特征，建筑的形状、规模多种多样，建筑材料也是新旧混杂，惟一的共同特征就是到处呈现的破败景象。不过，建筑底层的功能和用途具有更多的连续性。广场两侧，都分别有一连串的酒吧、大众餐馆、娱乐厅、影剧院、折扣店，或是一些卖二手货、小商品的店面，除了西侧断断续续有几家店面在空置，东侧的店铺一家挨一家。与这些用途相关联的，还有立面和招牌的细节，以及便道上行人的特征。因为总是有一些无家可归者、酒鬼、和上岸的海员在周围闲逛，虽然位于市中心，这里却并不非常拥挤。夜晚的斯科雷广场，更加容易与波士顿市中心的其它地域区分开来，因为这里的光

图61　从斯科雷广场向北看

线、活动、便道上的人群，和黑暗、宁静的城市在一起，愈发显得格格不入。

因此，斯科雷广场给人最主要的视觉印象是空间的无序、交通的拥挤和明显的斜坡地形，建筑的破旧、用途的特殊以及有特色的居民。这些特征中的大部分在整个城市里都称不上特殊，所以斯科雷广场也就时常与别的地方发生混淆。破旧的建筑和其中的许多用途，在邻近市中心的无数地方都存在，比如沿华盛顿大街，位于多佛街和百老汇街之间的地段，这种特殊用途与居住阶层的结合表现得更为强烈。多条道路形成的混乱的交叉口更是屡见不鲜，诸如鲍德温广场、道克广场、帕克广场、格林教堂、哈里逊和埃塞克斯街等等，不胜枚举。斯科雷广场扁长方形的平面还算是比较特别，但它在视觉上并不明显。于是这个节点的倾斜坡度，以及它与波士顿整个城市结构的关系，毫无疑问地成为辨别它的最根本特征。

由于斯科雷广场最重要的作用是充当道路的连接点，所以重要的不是静止地看待它，而是在接近或是离开它时，观察它如何展现自己。特利蒙特街伸入广场一点点，从这里看到的广场，是一片位于低处的建筑群和明显的中心商务区的边界，首先映入眼帘的是一幢古老的红砖建筑，和考恩希尔转角处的标志，然后看到一处开放的空间，和它左侧一块经风雨侵蚀已显破旧的招牌，而最引人注意的是拥挤不堪的车流。

华盛顿街最初通往道克广场，考特街将它与斯科雷广场相连。虽然在街角处耸立着州议会大厦，但考特街仍然是一条次要的、普通的街道，它与斯科雷广场的连接显得生硬而造作。

剑桥大街向东南方向，一直正对着位于鲍德温广场边庞大而毫无特色的电话大楼。在这儿，道路只是挤入到混乱的广场空间中，所有关于目标和方向的感觉都丧失了。仅仅是因为萨德伯里街呈现的一个转折，使得广场上酒吧的门面、后面高耸的写字楼，还有中间的地铁出入口，都清晰地显现出来。

从山下过来的萨德伯里、汉诺威、布拉特尔和考恩希尔街，在接近广场时都呈现出明显的坡度。在每条街上，你都能感觉到前面有一处开敞空间，还有越来越密集的酒吧和其它一些场所。但总的来说，比起佩姆伯顿广场在天际线中出现的高塔，斯科雷广场远远不能给人一些预先的提示，它似乎是一个结束点，或只是街道的一个扭曲。考恩希尔街向上的曲线，实现了当时的设计意图，自身提供了一个令人愉快的空间体验。但是一到斯科雷广场，一切就又变得索然无味。在上山的这一侧，从佩姆伯顿广场和霍华德街看过来，斯科雷广场也是很难辨别。只有从剑桥大街方向，虽然在鲍德温街出现了一些混乱，但还是能看出一些斯科雷广场的个性特点。

在剑桥大街向外的方向也相对清晰，只是曾经一度十分重要的汉诺威街从这个方向看，除了有一些宽度的差别，就没有什么别的特点了。萨德伯里街承载了大量的机动交通，而就其规模和两侧的建筑用途看来，又似乎是一条非常次要的街道。从北边看过来，本来重要的特利蒙特街在入口处急剧地转了一个角度，差一点就看不见了。许多被访者都很难确定这个路口的位置，不过一旦确定，在特利蒙特街上的方向就变得十分清晰，沿街会依次出现贝肯山剧院、帕克旅馆、国王小礼拜堂、特利蒙特教堂、格兰纳雷墓地和中央公园等一系列的节点。

尽管从考特街上机动交通单向上行进入广场，这条路仍将斯科雷广场的空间强有力地引向山下，并微微向左偏转了一些。如果继续沿着考特街往下走，人们会感觉不到华盛顿大街的存在，而只能看到老的州议会大厦和一个混乱的空间，因此华盛顿大街和斯科雷广场之间的关系从两个方向看都模糊不清。

更让人迷惑的是，考特街和考恩希尔街进入斯科雷广场的路口非常接近，然而在一个街区之外两者终点给人的印象，又仿佛国政街和道克广场一样，远远地分开。于是我们又得出一个结论，在从斯科雷广场向外部的移动中，剑桥大街仍是惟一的清晰明确的道路，特利蒙特街也有类似的麻烦，只是短暂一些。

斯科雷广场与外部取得的一些联系，并不是通过斜坡或是道路，而是通过向外的视野。这其中包括鲍德温广场的电话大楼、佩姆伯顿广场的安耐克斯法院（这两者除了高度不同，在建筑风格上几乎无法分辨），海关塔楼也非常突出，是从东南方向岸边和国政街低处看过来的标志建筑。最显眼的是南部天际线中大量的办公写字楼群，它们指示了邮政广场所处的方位，也进一步明确了斯科雷广场处于市中心区边缘地带的地位。

与贝肯山和联邦大道不同，斯科雷广场从外部基本上看不见，而只能在快要到达时才能看见。只有那些有经验的人能记起来，并从远处指出安耐克斯法院就是非常靠近斯科雷广场的地方。

在广场内部几乎没有什么能用来辨别方向和广场的各个部分，主要的标志物就是地铁出入口和报亭，以及位于车流当中的一个椭圆型地带，造型低矮。即使是这个主要标志，从远处看也变得很难分辨。它的醒目是

图62，见142页

由于上面黄色字体的标志和地面上出现的洞口，但这种印象又因为后边的另一个位于相似的椭圆型基座上的相似结构而显得弱化。而后一个只是地铁出口，很少使用并且附近没有报亭，给人一种废弃的感觉。好像所有人都以为地铁的出入口处于斯科雷广场的中间位置，而事实上它几乎是在最端头。广场上另一个引人注目的细节是在佩姆伯顿街和特利蒙特街转角处，有一个用鲜亮字母作标志的烟草商店，它位于萨福克银行脚下，与银行高耸的直墙形成鲜明的对比。

广场里有关辨别方向的线索更是稀少，只有地形向侧面的倾斜，还有

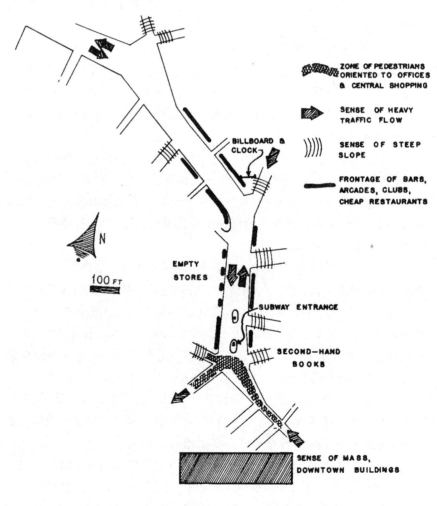

图62 斯科雷广场的主要元素

主线上的交通能给人一种轴线上的感觉。空间上密集的建筑中都没有令人愉快的渐变。位于南部高层建筑的天际线,和位于北端的广告牌,是在广场上用来确定方位的基本标志。

不过在用途和活动的变化中也有大量关于方向的信号。在南端,行人和转弯的机动车最为密集,一些服务于市中心商务区的商业类型,比如百货店、餐馆和烟店,行人中也多是一些上班族和购物者。广场的东边则集中了较多的廉价货品商店,而西边则多是一些廉价旅馆和出租房屋,向上一直渗入到贝肯山过渡地带的边缘,这里的行人一般都是一些与广场有关系的人群。考恩希尔街附近一连串的旧书店可以算是广场内部的又一个线索,北侧边缘则是一些阁楼和仓库。因此,虽然斯科雷广场在物质上尚不成形,但其内部能够通过坡度、交通和用途的格局来进行区别、构造。

斯科雷广场具有扁长方形的空间、纺锤形的路网形态和山坡上密集的房屋,认识到这些潜在的形态之后,下一步还需要有视觉特征来匹配它功能上的重要性。为了实现其结构作用,还需要在进出两个方向上阐明和每一条重要街道的连接关系。斯科雷广场位于波士顿半岛老区的中心点,作为一连串区域如贝肯山、城西端、城北端、集市区、金融区和中心购物区的中心,又是一些重要道路如特利蒙特街、剑桥街、考特—国政街和萨德伯里街的连接点,处于三个高度依次下降的广场——佩姆伯顿、斯科雷和道克广场的中间地位,潜在地它应该能够起到更加引人注目的视觉作用。而现在斯科雷广场的功能地点,不但使"好"人们感到不太安全,而且错失了一个创造伟大视觉形象的机会。

书　目

1. Angyal, A., "Über die Raumlage vorgestellter Oerter," *Archiv für die Gesamte Psychologie,* Vol. 78, 1930, pp. 47–94.

2. Automotive Safety Foundation, *Driver Needs in Freeway Signing,* Washington, Dec. 1958.

3. Bell, Sir Charles, *The People of Tibet,* Oxford, Clarendon Press, 1928.

4. Best, Elsdon, *The Maori,* Wellington, H. H. Tombs, 1924.

5. Binet, M. A., "Reverse Illusions of Orientation," *Psychological Review,* Vol. I, No. 4, July 1894, pp. 337–350.

6. Bogoraz-Tan, Vladimir Germanovich, "The Chukchee," *Memoirs of the American Museum of Natural History,* Vol. XI, Leiden, E. J. Brill; and New York, G. E. Stechert, 1904, 1907, 1909.

7. Boulding, Kenneth E., *The Image,* Ann Arbor, University of Michigan Press, 1956.

8. Brown, Warner, "Spatial Integrations in a Human Maze," *University of California Publications in Psychology,* Vol. V, No. 5, 1932, pp. 123–134.

9. Carpenter, Edmund, "Space Concepts of the Aivilik Eskimos," *Explorations,* Vol. V, p. 134.

10. Casamajor, Jean, "Le Mystérieux Sens de l'Espace," *Revue Scientifique,* Vol. 65, No. 18, 1927, pp. 554–565.

11. Casamorata, Cesare, "I Canti di Firenze," *L'Universo,* Marzo-Aprile, 1944, Anno XXV, Number 3.

12. Claparède, Edouard, "L'Orientation Lointaine," *Nouveau Traité de Psychologie,* Tome VIII, Fasc. 3, Paris, Presses Universitaires de France, 1943.

13. Cornetz, V., "Le Cas Elémentaire du Sens de la Direction chez l'Homme," *Bulletin de la Société de Géographie d'Alger,* 18e Année, 1913, p. 742.

14. Cornetz, V., "Observation sur le Sens de la Direction chez l'Homme," *Revue des Idées,* 15 Juillet, 1909.

15. Colucci, Cesare, "Sui disturbi dell'orientamento topografico," *Annali di Nevrologia,* Vol. XX, Anno X, 1902, pp. 555–596.

16. Donaldson, Bess Allen, *The Wild Rue: A Study of Muhammadan Magic and Folklore in Iran,* London, Lirzac, 1938.

17. Elliott, Henry Wood, *Our Arctic Province,* New York, Scribners, 1886.

18. Finsch, Otto, "Ethnologische erfahrungen und belegstücke aus der Südsee," Vienna, Naturhistorisches Hofmuseum, *Annalen.* Vol. 3, 1888, pp. 83–160, 293–364. Vol. 6, 1891, pp. 13–36, 37–130. Vol. 8, 1893, pp. 1–106, 119–275, 295–437.

19. Firth, Raymond, *We, the Tikopia,* London, Allen and Unwin Ltd., 1936.

20. Fischer, M. H., "Die Orientierung im Raume bei Wirbeltieren und beim Menschen," in *Handbuch der Normalen und Pathologischen Physiologie,* Berlin, J. Springer, 1931, pp. 909–1022.

21. Flanagan, Thomas, "Amid the Wild Lights and Shadows," Columbia University Forum, Winter 1957.

22. Forster, E. M., *A Passage to India,* New York, Harcourt, 1949.

23. Gatty, Harold, *Nature Is Your Guide,* New York, E. P. Dutton, 1958.

24. Gautier, Emile Félix, *Missions au Sahara,* Paris, Librairie A. Colin, 1908.

25. Gay, John, *Trivia, or, The Art of Walking the Streets of London,* Introd. and notes by W. H. Williams, London, D. O'Connor, 1922.

26. Geoghegan, Richard Henry, *The Aleut Language,* Washington, U. S. Department of Interior, 1944.

27. Gemelli, Agostino, Tessier, G., and Galli, A., "La Percezione della Posizione del nostro corpo e dei suoi spostamenti," *Archivio Italiano di Psicologia,* I, 1920, pp. 104–182.

28. Gemelli, Agostino, "L'Orientazione Lontana nel Volo in Aeroplano," *Rivista Di Psicologia,* Anno 29, No. 4, Oct.–Dec. 1933, p. 297.

29. Gennep, A. Van, "Du Sens d'Orientation chez l'Homme," *Réligions, Moeurs, et Légendes,* 3e Séries, Paris, 1911, p. 47.

30. Granpré-Molière, M. J., "Landscape of the N. E. Polder," translated from *Forum,* Vol. 10:1–2, 1955.

31. Griffin, Donald R., "Sensory Physiology and the Orientation of Animals," *American Scientist,* April 1953, pp. 209–244.

32. de Groot, J. J. M., *Religion in China,* New York, G. P. Putnam's, 1912.

33. Gill, Eric, *Autobiography,* New York City, Devin-Adair, 1941.

34. Halbwachs, Maurice, *La Mémoire Collective,* Paris, Presses Universitaires de France, 1950.

35. Homo, Leon, *Rome Impériale et l'Urbanisme dans l'Antiquité,* Paris, Michel, 1951.

36. Jaccard, Pierre, "Une Enquête sur la Désorientation en Montagne," *Bulletin de la Société Vaudoise des Science Naturelles,* Vol. 56, No. 217, August 1926, pp. 151–159.

37. Jaccard, Pierre, *Le Sens de la Direction et L'Orientation Lointaine chez l'Homme,* Paris, Payot, 1932.

38. Jackson, J. B., "Other-Directed Houses," *Landscape,* Winter, 1956–57, Vol. 6, No. 2.

39. Kawaguchi, Ekai, *Three Years in Tibet,* Adyar, Madras, The Theosophist Office, 1909.

40. Kepes, Gyorgy, *The New Landscape,* Chicago, P. Theobald, 1956.

41. Kilpatrick, Franklin P., "Recent Experiments in Perception," *New York Academy of Sciences, Transactions,* No. 8, Vol. 16. June 1954, pp. 420–425.

42. Langer, Suzanne, *Feeling and Form: A Theory of Art,* New York, Scribner, 1953.

43. Lewis, C. S., "The Shoddy Lands," in *The Best from Fantasy and Science Fiction,* New York, Doubleday, 1957.

44. Lyons, Henry, "The Sailing Charts of the Marshall Islanders," *Geographical Journal,* Vol. LXXII, No. 4, October 1928, pp. 325–328.

45. Maegraith, Brian G., "The Astronomy of the Aranda and Luritja Tribes," Adelaide University Field Anthropology, Central Australia no. 10, taken from *Transactions of the Royal Society of South Australia,* Vol. LVI, 1932.

46. Malinowski, Bronislaw, *Argonauts of the Western Pacific,* London, Routledge, 1922.

47. Marie, Pierre, et Behague, P., "Syndrome de Désorientation dans l'Espace" *Revue Neurologique,* Vol. 26, No. 1, 1919, pp. 1–14.

48. Morris, Charles W., *Foundations of the Theory of Signs,* Chicago, University of Chicago Press, 1938.

49. *New York Times,* April 30, 1957, article on the "Directomat."

50. Nice, M., "Territory in Bird Life," *American Midland Naturalist,* Vol. 26, pp. 441–487.

51. Paterson, Andrew and Zangwill, O. L., "A Case of Topographic Disorientation," *Brain,* Vol. LXVIII, Part 3, September 1945, pp. 188–212.

52. Peterson, Joseph, "Illusions of Direction Orientation," *Journal of Philosophy, Psychology and Scientific Methods,* Vol. XIII, No. 9, April 27, 1916, pp. 225–236.

53. Pink, Olive M., "The Landowners in the Northern Division of the Aranda Tribe, Central Australia," *Oceania,* Vol. VI, No. 3, March 1936, pp. 275–305.

54. Pink, Olive M., "Spirit Ancestors in a Northern Aranda Horde Country," *Oceania,* Vol. IV, No. 2, December 1933, pp. 176–186.

55. Porteus, S. D., *The Psychology of a Primitive People,* New York City, Longmans, Green, 1931.

56. Pratolini, Vasco, *Il Quartiere,* Firenze, Valleschi, 1947.

57. Proust, Marcel, *Du Côté de chez Swann,* Paris, Gallimand, 1954.

58. Proust, Marcel, *Albertine Disparue,* Paris, Nouvelle Revue Française, 1925.

59. Rabaud, Etienne, *L'Orientation Lointaine et la Reconnaissance des Lieux,* Paris, Alcan, 1927.

60. Rasmussen, Knud Johan Victor, *The Netsilik Eskimos* (Report of the Fifth Thule Expedition, 1921–24, Vol. 8, No. 1–2) Copenhagen, Gyldendal, 1931.

61. Rattray, R. S., *Religion and Art in Ashanti,* Oxford, Clarendon Press, 1927.

62. Reichard, Gladys Amanda, *Navaho Religion, a Study of Symbolism,* New York, Pantheon, 1950.

63. Ryan, T. A. and M. S., "Geographical Orientation," *American Journal of Psychology,* Vol. 53, 1940, pp. 204–215.

64. Sachs, Curt, *Rhythm and Tempo,* New York, Norton, 1953.

65. Sandström, Carl Ivan, *Orientation in the Present Space,* Stockholm, Almqvist and Wiksell, 1951.

66. Sapir, Edward, "Language and Environment," *American Anthropologist,* Vol. 14, 1912.

67. Sauer, Martin, *An Account of a Geographical and Astronomical Expedition to the Northern Parts of Russia,* London, T. Cadell, 1802.

68. Shen, Tsung-lien and Liu-Shen-chi, *Tibet and the Tibetans,* Stanford, Stanford University Press, 1953.

69. Shepard, P., "Dead Cities in the American West," *Landscape,* Winter, Vol. 6, No. 2, 1956–57.

70. Shipton, Eric Earle, *The Mount Everest Reconnaissance Expedition,* London, Hodder and Stoughton, 1952.

71. deSilva, H. R., "A Case of a Boy Possessing an Automatic Directional Orientation," *Science,* Vol. 73, No. 1893, April 10, 1931, pp. 393–394.

72. Spencer, Baldwin and Gillen, F. J., *The Native Tribes of Central Australia,* London, Macmillan, 1899.

73. Stefánsson, Vihljálmur, "The Stefánsson-Anderson Arctic Expedition of the American Museum: Preliminary Ethnological Report," *Anthropological Papers of the American Museum of Natural History,* Vol. XIV, Part 1, New York City, 1914.

74. Stern, Paul, "On the Problem of Artistic Form," *Logos,* Vol. V, 1914–15, pp. 165–172.

75. Strehlow, Carl, *Die Aranda und Loritza-stämme in Zentral Australien,* Frankfurt am Main, J. Baer, 1907–20.

76. Trowbridge, C. C., "On Fundamental Methods of Orientation and Imaginary Maps," *Science,* Vol. 38, No. 990, Dec. 9, 1913, pp. 888–897.

77. Twain, Mark, *Life on the Mississippi,* New York, Harper, 1917.

78. Waddell, L. Austine, *The Buddhism of Tibet or Lamaism,* London, W. H. Allen, 1895.

79. Whitehead, Alfred North, *Symbolism and Its Meaning and Effect,* New York, Macmillan, 1958.

80. Winfield, Gerald F., *China: The Land and the People,* New York, Wm. Sloane Association, 1948.

81. Witkin, H. A., "Orientation in Space," *Research Reviews,* Office of Naval Research, December 1949.

82. Wohl, R. Richard and Strauss, Anselm L., "Symbolic Representation and the Urban Milieu," *American Journal of Sociology,* Vol. LXIII, No. 5, March 1958, pp. 523–532.

83. Yung, Emile, "Le Sens de la Direction," *Echo des Alpes,* No. 4, 1918, p. 110.

译 后 记

《城市意象》最早是在清华的图书馆里看到的，应该是东南大学项秉任教授的译本，名为《城市印象》。记得是老师在课上推荐便借来一看，因为完全没有枯燥的理论，当时就留下了极深的印象。2000 年夏天翻译此书时，感觉才是认认真真领悟书中的精髓。凯文·林奇用朴素、生动的笔墨，在 40 年前为我们展示了一个新的评价城市形态的方法，首次提出了通过视觉感知城市物质形态的理论，是对大尺度城市设计领域的一个重大贡献。在今天的城市建设过程中，我们中间的许多人，包括城市规划师和建筑师，都还没有完全认识到城市设计的重要性。书中所列举的三个城市以及他们在城市发展中产生的问题，多多少少都已经在我们身边的城市中出现。如果我们能够及早从"意象"的角度，认识到城市对我们日常生活的影响，也许我们的城市建设会少走一些弯路。

虽然这本书文字不多，但翻译完成仍是让人兴奋的一件事。尤其是在写此后记之前，我有机会去了一次波士顿，原来书中熟悉而又陌生的地方呈现在眼前，是一种陶醉。更让人惊讶的是，当我向在波士顿居住多年的朋友讲解书中的内容时，所有的人都有近乎一致的感受，这是在凯文·林奇写此书40多年之后！城市意象是如此长久而根深蒂固，规划师和建筑师应该深感责任的重大，我们建设的城市将不仅仅服务我们这一代人！

凯文·林奇曾经师从弗兰克·劳埃德·莱特，《城市意象》是他较早的一部著作，之后还有1972出版的 *What Time Is This place?* 1976 年的 *Managing the Sense of a Region*，以及 1981 年的 *Good City Form*，都是他在城市设计领域较为重要的著作，其中 *Good City Form* 在美国至今仍是许多学校的教科书。希望此书中译本的再版，能够得到众多热心城市建设的人士的关注。

虽然只是一本十多万字的小书，翻译过程却也前前后后经历了一年多。感谢所有在此期间帮助过我们的家人和朋友，尤其要感谢张杰教授不断的鼓励和指导，四川大学外语学院的阚晴讲师悉心校对，以及编辑赵真一女士的耐心协助。

美国科罗拉多大学建筑学院 方益萍

中国建筑西南设计研究院 何晓军

2001 年 3 月

图书在版编目（CIP）数据

城市意象：最新校订版/（美）凯文·林奇（Kevin Lynch）著；方益萍，何晓军译.--2版.--北京：华夏出版社，2017.7（2023.4重印）
书名原文：The Image of the City
ISBN 978-7-5080-9188-4

Ⅰ.①城… Ⅱ.①凯… ②方… ③何… Ⅲ.①城市规划 Ⅳ.①TU984

中国版本图书馆CIP数据核字（2017）第095552号

The Image of the City by Kevin Lynch

Copyright © 1960 by the Massachusetts Institute of Technology

and the President and Fellows of Harvard College.

Simplified Chinese translation copyright © 2017 by Huaxia Publishing House

All rights reserved.

城 市 意 象

作　　者	[美]凯文·林奇	
译　　者	方益萍　何晓军	
责任编辑	王霄翎	
责任印制	刘　洋	

出版发行	华夏出版社有限公司	
经　　销	新华书店	
印　　刷	三河市少明印务有限公司	
装　　订	三河市少明印务有限公司	
版　　次	2017年7月北京第2版	2023年4月北京第7次印刷
开　　本	720×1030　1/16开	
印　　张	10	
字　　数	153千字	
定　　价	35.00元	

华夏出版社有限公司　　地址：北京市东直门外香河园北里4号　　邮编：100028
网址：www.hxph.com.cn　　电话：（010）64663331（转）
若发现本版图书有印装质量问题，请与我社营销中心联系调换。